U0480490

眷尔 作品

分手吧，
我会
更爱我自己

中国华侨出版社

序

我想，或许每个人对一份真挚的感情都呵护备至，那些美好的回忆深入骨髓，那些不堪的分手深埋尘埃，我们不忍在分手后去想"我到底做错了什么"或者"为什么他要和我分手"这一系列的问题。

很多人说失恋就失恋呗，有什么大不了的，你失去了一棵树，可是你获得了整片森林。于是每次遇到失恋你都会这么说。

可是你不知道陷入失恋之中的苦啊，你总是说得云淡风轻，说后面的下家一定比这一家的好，你自然不知道失恋带给人的是什么样的感觉。

那种尴尬、孤独、被抛弃、极端无奈、怨恨、后悔、忌妒以及无处发泄的谴责等，在心里千丝万缕、翻江倒海……

书中共有24对恋人，却有着24个分手故事，你能看见一切真实的分手原因和分手过程，有人甩门，有人自卑，有人祝福，有人落泪……

分手的时候，你觉得你的整个世界都不再那么亮丽多彩，你开始堕落、开始惩罚自己，你觉得上天对你太不公平，把你的爱都抹杀掉了。

可是宝贝们，没有人可以伤害你，除了你自己。

从另一个角度来讲，你只不过是放弃了一些不那么爱你的人，至少，也是不值得你那么爱的人，失恋虽然痛苦，因为对方伤了你。

但我们换种理解，不如说是求你自己放了自己，别在失恋深渊里苦苦纠缠了！

而我愿你秉承一颗清澈澄明的心，在嘈杂的社会生活中，安安静静地坐下，让这 24 个故事贯穿你的神经，充斥你的细胞，让这 24 对恋人走入你的生活，融合你的精神世界，你会发现，世界那么大，人活在世间的时间那么短，一晃匆匆数年，何苦要在失恋上大做文章。

当你看完这本书，我想你会明白这个道理，而你也会将你的伤害减轻到最低。

而你若是觉得这 24 个分手故事还不够，我这里还有无数个，只为那些你因爱失眠或不失眠的夜晚。

我已为你斟上茶，将故事轻绕出口。

你准备好了吗？

分手吧，
我会更爱我自己

目录
contents

第一章
分手吧，我要做回我自己

鲜花跑车，他说我可以做个富太太　　JOLLY　／ 003

我真的一点不胖，可他总希望我减肥　　葛家阿桥　／ 010

我需要他时常陪着我，他却总说我太任性　　白蔷薇　／ 018

眷尔的治愈小语：找寻迷失的自我　／ 026

第二章
分手吧，我的个性在哪里

郁郁寡欢，这是他后来评价我的话　　周黄玉　／ 033

人云亦云，他不想永远和我谈办公室恋情　　桃酒千盏　／ 042

生活平淡无味，他说我活成了提线木偶　　苏宜蒙　／ 051

眷尔的治愈小语：找回失去的个性　／ 059

分手吧，
我会更爱我自己

第三章
分手吧，我学会了自我独立

远距离恋爱，和哭泣说晚安　孙玮　/ 065
他说，不是因为不爱我　心有林夕　/ 073
我来到这个世界不是为了成为他的孤独祭品　傅佳洁　/ 081
眷尔的治愈小语：战胜孤独的自我　/ 090

第四章
分手吧，我才没有一文不值

婚姻是女人的归宿还是女人的坟墓　吃肉葱　/ 097
他总说会给我美好婚姻，但却毫无行动　阿凉　/ 105
隐婚的背后　嘉宝鱼　/ 113
眷尔的治愈小语：经营婚姻，延续爱情　/ 121

目录 contents

第五章
分手吧，我的刺不是针对你

我怀疑男友背后捣鬼，他暴脾气对我伤害　诗顾　/ 131
他竟然看别的女孩，还拿我和别人比较　水似锦　/ 138
脑补了小说剧情，两人于是分崩离析　华子　/ 145
眘尔的治愈小语：褒义地运用完美主义　/ 153

第六章
分手吧，我比爱你更爱自己

他觉得我吃饭的时候一点儿都不淑女　蓝雾　/ 159
他说这世界看脸　借千秋　/ 168
我们相爱的原因　许烁　/ 176
眘尔的治愈小语：改变自己　/ 184

分手吧，
我会更爱我自己

第七章
分手吧，阅读使我更美丽

我酷爱打游戏，可他却对游戏不屑一顾　简小姐　/ 189
自残只是智商不够，还是多读书少睡觉　凌晏　/ 197
我的爱人是博士，但他却一直介意我的学历　小若　/ 205
眷尔的治愈小语：提升内涵　/ 213

第八章
分手吧，理财让我成富婆

我们很相爱，却只能过苦日子　贾煜　/ 219
他说我是个信用卡高消费的女人　葛鸣　/ 227
喝咖啡还是大碗茶，不能任我随意选　爱伦金　/ 235
眷尔的治愈小语：理财生活　/ 242

第一章

分手吧，我要做回我自己

鲜花跑车，他说我可以做个富太太

JOLLY

女主角：庄曼

男主角：宋城

分手原因：物质生活迷失自己

夜色四合，城市的喧嚣和霓虹也在此刻寂静下来。庄曼正独自驱车行驶在环城高速公路上，车窗外吹过一阵又一阵凛冽的寒风。深夜电台里是温情暖心的情感话题，她再也忍不住了，一瞬间，泪水便如洪水猛兽般从眼眶里喷涌出来，她看不清前方的路，也记不起来时的路，此刻的庄曼，就像一个无家可归的旅人。

她也不知道这是和宋城的第几次争吵了，因为这段时间，他们争吵得太过频繁。每一次她都渴望着可以从后视镜里看到宋城追来的身影，可每一次她的希望都落空。宋城早已摸清她的脾性，他知道，不管庄曼跑多远，最后还是会乖乖回来的，甚至都不用自己勾手指，她就会回到他身边。

是啊，庄曼在心里凄楚地想，她能跑到哪儿去呢？在这个偌大繁华的城市里，她孤苦无依、四处漂泊，没有亲人，连朋友都很少，她甚至不知道今晚自己可以住在哪里？就连现在自己开的车，也是宋城给自己的，离开他，注定溃不成军。

她猛地停下来，双手抚在方向盘上，在无边无际的黑夜里，声嘶力竭地哭泣，这一刻，或许只有天空才能懂得她的悲伤。

然后，便用纸巾将泪水拭干，努力地咧嘴笑了笑，掉转车头，驶回宋城家的方向。

她回忆起四年以前认识宋城的时候，那年自己刚刚大学毕业。工作并不好找，每日都在外奔波忙碌，投简历、参加面试，如同千千万万应届毕业的大学生一样，挣扎在这个不算熟悉的城市中，很长一段时间，庄曼的经济来源为零。

还是得生存，还是得填饱肚子，还是得交房租、交水电费，生活就是这样，琐碎而庸俗。庄曼和几个女生合租在拥挤的房子里，外边高高的楼层挡住了她们的阳光，屋里潮湿而又寒冷，她想为自己添一条毛毯，还有自己那双鞋，已经寒碜得几近穷酸了，就算为了工作面试，也得为自己买双鞋了。

她拿着几个月餐厅兼职赚来的钱来到了一家商场，在琳琅满目的陈列架上，她看上了一双黑色的圆头高跟单鞋。那双鞋静静地躺在货架的第二层，相比旁边一大排色彩缤纷、闪闪亮亮的鞋子，它就像一位优雅成熟的女士，不急也不躁、不悲也不喜，等待着真正欣赏它的人带它离开。

庄曼走过去，小心翼翼地拿着那双鞋，很久，都不舍得放下。直到柜台小姐过来微笑地提醒她："客人，要是喜欢可以试一下，我们鞋子最近做活动，现在买很合适呢。"

她不好意思地抬起头，小声地询问："那可以打几折？"

柜台小姐依旧是职业性的微笑，道："8折，您还是先试一下吧，我们店只有这一双了。"

她也不再推辞，心里想着，只要是在自己能够承受的范围内，今天一定要将它带走，她太喜欢它了。女人天生对鞋子就有一种别样的情怀，因为好的鞋子可以带自己走向幸福的方向。

果然，就像灰姑娘的水晶鞋一样，那双鞋子穿在她的脚上刚刚合适，仿佛就是为庄曼定做的一样。她穿着它款款走到镜子面前，有种置身于云端的错觉。

"真的很适合您呢。"柜台小姐也开始称赞。

她决定带它走，至少在她知道价格之前，她真的是决定带它走的。可当柜台小姐用机械的声音报出那个天价时，她的心就揪到了一块，太贵了。没有办法，只好怯生生地又将它放回到原处，重新穿上自己破旧可笑的鞋子。

就在她起身准备离去的时候，柜台小姐却走了过来，手里拎着已经打包好的鞋子，堆着笑容，说道："这位女士，您的鞋子那边那位先生已经结账了，请您带走。"

先生？庄曼的心里冒出一个巨大的问号，她的目光顺着柜员所指的方向，便看到了那样一个人。他像是从光芒中走出来的一样，高而挺拔的个子，浓密的眉毛下是一双明亮深邃的眼睛，薄而性感的嘴唇轻轻向上扬，随意地穿着一件灰色毛衣和藏蓝色裤子，双手插在裤兜里，正细致地在男鞋的货架上挑选着。

她走过去，将手里的鞋子递给他："谢谢你的好意，不过我不能接受，这太贵重了。"

他浅浅地笑了笑，露出好看的下颚："你好，我叫宋城，这双鞋子很适合你，不要再推辞了，你就应该是它的主人。"

后来的一切似乎都顺其自然，她和宋城开始了交往。然而宋城对于她来说，却是极其捉摸不定、无法掌控的，他很少带她去见朋友、家人，也常常好多天不跟她联系，他还有着众多关系说不清道不明的女性友人……

尽管他无法做到像普通男朋友那样坚守和陪伴，可至少，他给了庄曼丰富的物质生活。

物质生活，这恐怕是当下，庄曼最需要的。

她想起他带着她离开那个城中村的时候，她安静地坐在他的车里，飞扬的尘土一去不回，她终于远离了那片颓败嘈杂的出租房，远离了那里的破旧和不堪，远离了那些贫穷和卑微，正驶向一个光鲜亮丽的新世界。

"以后住在这里吧，别再回去那个地方了。"宋城带她来到了一个环境舒适宜人的小区，递给她一串钥匙，"这是房子的，这是车子的。"

"车子？"庄曼有些不可思议。

"嗯，我给你买了辆车，在楼下停车场。"宋城的声音听起来不咸不淡。

庄曼的日子看起来安逸而舒适，她不必再为生活愁苦，不必再节省下平日的开支以用来支付房租和水电费，不必再一身穷酸地逛商场，不必再遇到自己心仪的衣服鞋子时踌躇半天还舍不得买，渐渐地，她在宋城给予的鲜花豪车下，再也不愿走出来。

她明白，这些东西，都是自己奋斗十年甚至几十年也无法拥有的。他为她建造了一个华美的梦境，她也甘愿在此沉沦。

然而，夜幕降临时，独自面对偌大空旷的房间时，她却那么希望有一个人能陪着她，在她无助脆弱的时候，在她寂寞无处遁形的时候。

有一次庄曼生病，连续好几天的感冒咳嗽，整个人有气无力的。

第一章
分手吧，我要做回我自己

她打电话给宋城："我生病了，你可以来陪陪我吗？"

电话那头的宋城听完后沉默了片刻，最后淡淡表示道："我很忙，我让医生过来给你看看。"

而后的几天，他也始终没有出现过，过了很久，他才又打了个电话给庄曼，也只是简单寒暄了几句，便又匆匆挂掉电话。

那一刻，她的心如锋刀切割一般地疼，泪水也涌出来浸透了床单，她这才发现，这些疼，不是金钱物质能够抚平的，唯有温暖长情的陪伴才会使它们消散。

她开始向宋城要求，她对他说："宋城，你可以多陪陪我吗？"

宋城的脸在灯光下变得严峻起来，他的声音很漠然："庄曼，你要得太多了，我能给你的，已经给你了，除此之外，你也不要奢求。"

奢求？难道这是自己的奢求吗？庄曼凄凄然，说道："难道我在你眼中，只是用钱就可以打发的乞丐吗？"

"难道不是吗？你跟我在一起不就是为了过得好一点吗？"宋城给自己倒了杯桃子味的伏特加，自顾地在沙发上喝起来，"庄曼，我们各取所需，我不会亏待你，你也别想禁锢我的自由，懂了吗？"

此时的庄曼，就像暴露在人前的一个小丑。宋城的话使她哑口无言，她甚至连争辩的立场都没有，她除了仓皇地逃离这个让她无法呼吸的地方，她没有任何选择。

她连外套都没拿，就像个罪犯一样逃开了。一个人在深夜的街头奔跑，泪水模糊了她的双眼，很久，她才回过头，可是，看不到宋城追过来的身影。

绝望感，是一种巨大的、漫无边际的感觉，就像黑夜一样包围着她，熙熙攘攘的人群里，竟然没有一个她认识的人，她真的，无处可去。

想到这里，她凄怆地笑了笑，是啊，能去哪里？这城市那么大，人那么多，竟然没有一处是能去躲藏的地方。

她只得擦干自己的眼泪，又回到宋城那里。她真的就像个乞丐一样，乞求他的收留。

宋城依旧高傲地坐在沙发上，手中还摇曳起酒杯，他抬起头瞅了瞅被冻得瑟瑟发抖的庄曼："既然知道自己会回来，一开始就不应该任性地跑走。"

庄曼再一次沉默。

夜越来越黑，庄曼开着车离开了宋城住的地方。她又一次逃了出来，又一次像个流浪狗一样回去。

她之所以又跟他争吵，是因为这次宋城居然堂而皇之地将别的女人带回家里，她忍受不了这样的屈辱，只得愤然离开。

她甚至在想，这一次，只要宋城追出来，她就会继续跟他在一起，可是，车子开了很久，她也没从后视镜里看到他的身影。

现在，又轮到自己向他举白旗，认输的时候了，她在心里苦笑。

这时候，前面路口的红灯亮了起来，她将车子停在人行道的前方。她从车窗外望过去，看到街边一家夜市还开着张。男人正热气腾腾地在锅里炒着红烧茄子，女人在一旁给他擦汗，昏黄的灯光下，是他们憔悴的面容，然而憔悴的面容下却洋溢起幸福的微笑。

生活的艰苦和穷困，并没有使得他们的爱情风雨飘摇，相反地，他们彼此将对方的手紧紧握住，一次次地跨过每一个坎儿，翻过每一座山，蹚过每一条河。

男人微笑着看向旁边的女人，一脸虔诚、真挚。

看到这里，庄曼的心里柔软起来，像有涓涓细流淌过，滋润了她每一处干涸的皮肤。对照着自己的处境，庄曼暗暗下定决心，她再也不会让自己被宋城给予她的金钱物质所拖累了，就算自己需要再次回到那个破旧的出租房里，就算自己无处躲藏、无法生活，与其生活在一场冰冷高傲的爱情中，还不如过着柴米油盐酱醋茶的平凡日子，至少自己觉得实在。

她将车掉头，回到了宋城住的地方。

"你还是回来了，庄曼，我以前就跟你说过，既然知道自己总有回来的一天，为什么一开始还要走呢？"宋城轻蔑地扬起嘴角，"看来，你还是舍不得我给你的一切，难道不是吗？"

庄曼沉默地将手中的钥匙放在餐桌上，平静地说："宋城，我们分手吧，我回来就是想告诉你这句话。"

说完，她便头也没回地走了出去，只留下一脸错愕的宋城微张着嘴巴，说不出一句话。

金钱和物质会蒙蔽了我们的双眼，让我们不断地委屈自己去谄媚别人。

在物质的迷乱之下，我们渐渐地忘记了自己真实的情感，钱在心中已经渐渐形成了主导地位。那时你也许会说情感生活不过是一个附属品，金钱才是能够让自己过得更好一点的保证。

但当你漫漫长夜孤身一人时，当你生病住院需要人陪伴时，当你垂垂老矣需要依靠时，你才会发现，金钱可以让你的生活变得富裕，可同时，也会让你的心灵变得空虚。

这种内心的寂寞，是再多的金钱都驱散不了的，唯有一份真正的、纯粹的感情才能将其驱散。

金钱固然重要，但不要让欲望控制了自己，更不要让自己终日生活在金钱物质铸就的铁牢下，成为一个彻彻底底的囚徒。

我真的一点不胖,可他总希望我减肥
葛家阿桥

女主角:陈纯

男主角:夏川

分手原因:一味地减肥,直到变成他喜欢的模样

陈纯穿着新买的裙子,步履轻快走向餐厅,她的步子里蕴藏着好多欢喜,时不时回头看一看,翘首企盼她心爱的人突然出现给她个惊喜,一如她准备的惊喜。

路过一排橱窗,倒映出自己纤细的腰身,陈纯望着面前的自己,欢快地笑起来,看呀!她现在已经成了夏川最喜欢的模样,夏川会不会抱起她,欢快转圈或是给她一个甜蜜的吻呢?想到这里,陈纯更是难以抑制住澎湃汹涌的小心脏,仿佛身体里正有个迫切的声音在告诉自己:快步走,快步走。

夏川是陈纯的男友,他们相约好在一家餐厅吃饭。可是时间一分一秒过去了,仍不见夏川的身影,三个钟头过去了,等到餐厅老板都忍不住提醒她:"你要等的人也许不会来了!"

陈纯点了餐,她已经许久没有好好吃一顿饭了,可饭到嘴里,竟说不出

是香甜还是苦涩。

"也许他是临时有什么要紧事呢?"陈纯在内心安慰自己。

她不相信,夏川会故意疏远她。

与夏川认识的那年,她与好友杜苑百无聊赖地在 M 记买了两杯饮料蹭网,正当她脖子酸,准备摇头晃脑之际,便看到玻璃窗外站立着一个人。

阳光里,他的背影相当好看,高高的个子、修长的腿,不用看也能想象必定是个颜值很高的男生。

于是,两个见"美色"起"歹心"的姑娘准备要去结识,陈纯被无良的杜苑推去"前线"——那人的面前,陈纯不好意思抬眼去看他,触上他的目光后,又只得慌忙将头低下来,不好意思地说:"帅哥,你请我们喝杯饮料吧?不不不,是我买麦旋风没带够钱,能借我点吗?"

陈纯简直要被自己的语无伦次搞得特别尴尬。

面前的男生微微地蹙了蹙眉,开口说道:"为什么?"

陈纯眨巴着眼,单纯地看了看他:"不为什么呀!"

男生笑意漾开,掏出钱递到陈纯的手中。陈纯这才抬头去仔细看他,他的相貌并没有身材来得有诱惑力,声音也无多悦耳,只是刚刚好的组合,但这恰恰又是陈纯喜欢的感觉:不清秀到女气,亦不粗犷成糙汉。

他们的缘分就此结下,陈纯就还钱的理由,硬是要到了夏川的电话。

之后的时常联系便成了水到渠成的事,陈纯从不掩饰自己对夏川的喜欢,也没什么好掩藏的,喜欢就是喜欢,再说了男未婚,女未嫁,所有的一切都是未知且有可能的。

陈纯就是这样,一个真实、不做作的姑娘。

而在夏川眼中，陈纯就是这样一个天真、赤诚的女孩，一如她第一次鲁莽地问他借钱一样，单纯而可爱。

没过多久，在陈纯的主动出击下，他们在一起了。

陈纯和夏川之所以相互吸引，还有一个最重要的原因就是同为"吃货"。他们经常从城隍庙小吃街吃到七宝小吃街，相处很愉快，吃得也很舒心，但不同的是，男孩可以怎么吃都不胖，女孩却惨不忍睹……

陈纯的肚子上还是有了小小的赘肉，之前买的裤子小了，陈纯觉着自己的体重还是在合理范围之内，于是当收到夏川一起去吃饭的短信，陈纯如风一样的女子，打扮得亮亮的，投奔于热烈的爱情当中。

晚上照例跟夏川去吃饭，路过人民广场，看见有几对情侣，女孩被男孩背着，很甜蜜的样子。

夏川看着陈纯羡慕的小眼神，俏皮地说："我还没背过你呢？这次我背背你。"

陈纯轻声应了，她也希望如那几对情侣一样，被男友如珠如宝地呵护、宠爱。

陈纯小心翼翼攀上夏川的背，夏川一起身便打趣地说道："哎哟，好沉啊！陈纯，原来你这么重啊！"

陈纯的脸悄悄红了，嘴里却不依不饶："是啦是啦！我就是比较重，反正我是你女朋友，你能奈我何？"

吃饭的时候，夏川也还不忘记损陈纯，"少吃点，不然下次我真背不动了。"陈纯虽不服气地哼哼两声，却听话地放下了筷子，端着杯子喝水。

末了，走出餐厅时，夏川补上一句："女孩子还是苗条点好看呢！"

虽是云淡风轻的口气，但陈纯多多少少是被在意了。

没有哪个女孩子愿意听到男友说自己胖，更何况夏川把话说得清晰又清晰，苗条的女孩才好看，他喜欢苗条的女孩。

除却夏川希望她瘦，还有一个很重要的原因，她怕自己般配不上夏川。

她可还是要陪夏川吃美食啊，所以陈纯决定瘦身，最土最笨的方法莫过于，陪他吃好饭，回到家扣着嗓子呕吐。

陈纯开始每天喝减肥药，来回一折腾，气色差了很多，每每跟夏川约会，要擦很厚的粉才能掩盖憔悴。

好友杜苑不赞成陈纯的方法，太急功近利了，也太伤身子了。

陈纯笑得一脸无所谓："我太想让夏川看到我的变化了。"

"爱情面前，卑微的永远是更爱的那一个。"杜苑只留下这句话，叹气走开。

没过多久，陈纯便因营养不良住进医院，她不敢告诉夏川，不想让他看到自己憔悴的面容，也不希望让他知道自己那么在乎他，那么卑微地爱着他。

只说跟好友杜苑去旅游，要过上几日才回来，近期不能见面了。

医院里只有杜苑陪伴她，不忍心让父母担心自己的安危。

病房的饭菜一如既往地难吃，杜苑从外面的饭店打包饭菜回来，带了陈纯最爱的辣子鸡丁和糖醋小排，陈纯只挑了几根葱丝就着粥咽下。

杜苑急了："小姑奶奶，咱别折腾自己的身体成吗？你忘记自己到底是因为什么住院了？"

陈纯犹犹豫豫说："我怕我吃了，自己之前所做的努力就都白费了。"

"哎呀，这都什么时候了，身体才是最主要的！"

杜苑说得没错，身体是革命的本钱，身体好了，怎么折腾都没事。

可是，一想到夏川那嫌弃的表情，陈纯一口咬住的排骨，犹豫不决地吐掉。

鲜美的肉汁弥漫在整个口腔，陈纯垂下了头，得到杜苑的一阵叹气。

没过几日，隔壁床铺来了一对小夫妻，女方的症状和陈纯一样：营养不良。

杜苑不禁问妻子："不会也是减肥闹的吧？"

虽然她跟陈纯一样是不吃饭吃减肥药折腾，不同的是，那边有她丈夫的心疼，天天端茶倒水，问着：渴了吗、饿了吗、热不热……

真是羡煞陈纯，自己的男友还不知道自己生病了呢。

妻子表情有点腼腆："我自从生了孩子，身材一天一天变得臃肿，变得比我丈夫看起来还胖。因为不想让我丈夫难受，才去节食减肥。不过……"

她看向正在忙碌的丈夫，眼神更加温柔："现在不做了，因为我丈夫说，他一点也不难受，更不会嫌弃，他甚至称那些肉为'可爱的肉'……"

丈夫害羞地让妻子别说了，陈纯看在眼里，心里却淡淡泛起了难过。

丈夫不嫌弃妻子的赘肉，他说那是为他诞下孩子的证明，证明他妻子是有多努力、多优秀。

丈夫说，爱一个人就是要爱上她全部的模样，他爱20岁充满活力的她，喜欢25岁刚嫁人妩媚的她，喜欢32岁诞下麟儿有点小肥肉的她。

杜苑进而感慨地说："夏川还希望你减肥呢，你看看别人的老公。"

陈纯心头有一颗种子悄然种下：夏川为什么不能喜欢我全部的模样？我一点儿也不胖，为什么还要我减肥呢？

陈纯年轻，身子骨结实，很快就复原出了院，她站在体重机上哇哇大叫，这下好了，她瘦了一大圈，她终于变成了夏川喜欢的模样。

她发了短信给夏川，说是旅行结束约他在老地方吃饭，她想给他一个惊喜，一个自己终于达到他理想身材的惊喜，哪知左等右等，都等不来他。

第二天，陈纯憋着满腔的怒火与委屈去找夏川，谁知夏川一看到陈纯就惊叹道："怎么出去旅个游，瘦了这么多，跟吃了好多苦似的……"

陈纯心里憋屈，可不嘛，老娘可差点命悬一线，吃了好多苦，还不是为了你。

"夏川，昨天晚上为什么没来？"陈纯本想在夏川面前爆发一下，说出一些恶狠狠的话，可是怎么话出口便变成了卑微的尘埃。

夏川着急忙慌地解释公司有事，却让陈纯突然感觉对方爱得不深刻。

明明是为了夏川而做的改变，面对食物，她一直都是最初澄明的追求，可是为了让夏川开心，她熬过了辛苦的住院日子，她忍住了馋意，忍住了思念。

她这么努力，自己一路坚持过来，不过是想要夏川能够更喜欢自己，而不是像现在这样，产生嫌隙。

可是，夏川的想法陈纯一点也不懂。

回到家里，陈纯看着挂满自己照片的墙壁，每一张笑得都是阳光灿烂，好像越跟夏川在一起，自己越不那么快乐了，自己的喜怒哀乐全部系在他的身上，一味地迷失在爱情中，找不到自我。

陈纯的心情很复杂，这些夏川都不知道。

半夜，陈纯接到夏川的电话，电话那头先是一阵哈哈大笑，继而是夏川带点嘲讽的声音传来："陈纯，你知道我看到谁了吗？高源！那个大学时期最有名的女神啊，她现在成了女胖子了！最可笑的是还牵着跟她一样胖的男人，这画面，你脑补，哎哟妈呀，简直笑死我了……"

陈纯在电话的另一头无语到说不出话来，大半夜打电话来就是为了说这事？

陈纯原先的烦躁心情还没有得到平复，大晚上又闹这一出，她开始对夏川有了排斥。电话搞得陈纯睡意全无，她清楚，夏川在自己心中渐渐失去了重要性。

第二天，和夏川在 M 记吃早餐，陈纯试探着问："假如我瘦不下来，或是我变得很胖很胖，你还会不会喜欢我？"

夏川嘴里嘟囔，话语轻佻，"女人太胖不好看！你现在这样，才好看！"

答案已经很明确了，陈纯心里苦笑。

如果有天自己越吃越胖，并且不能瘦下来。那样的她，夏川一定不会喜欢。

陈纯想起了当时住院时旁边的一对夫妻，丈夫说，爱一个人就是要爱上她全部的模样，他爱 20 岁充满活力的她，喜欢 25 岁刚嫁人妩媚的她，喜欢 32 岁诞下麟儿有点小肥肉的她……

"夏川，我变不了你喜欢的样子，我会越来越胖，而你喜欢的，只是瘦成现在这样营养不良的我。"陈纯的眼泪大颗大颗地滴落，她站起身，"夏川，为了瘦下来，我节食、住院，做了太多不值得的事，我们分手吧。"

陈纯转身离开，将所有未开口的话，所有曾一味付出的泪水和痛苦，所有在爱情面前的卑微与无力，通通抛在了身后。

我们愿意在爱人面前展现最美的一刻，因为爱你，所以将自己变成你最喜欢的模样，希望将自己最优秀的一面展现给你。

可韶光易逝，容颜易老，没有人可以永远年轻，我们的身体也会随着年岁时光而变得皱巴巴的，终有一天，我们会不再如往日般动人可爱。

而我们也会相信，这个世上，总会有那么一个人，他不仅愿意爱你青春欢畅时的容颜，也愿意爱你衰老脸上的痛苦皱纹，更愿意去爱你虔诚真挚的灵魂。因为你爱我，所以你会爱上全部的我，爱上每一个阶段的我。

那么，与其在一份委曲求全的爱情中卑微自己，不如勇敢放弃，做最真实的自己，等待着那个愿意爱上全部的你的人出现。

我需要他时常陪着我,他却总说我太任性

白蔷薇

女主角:格桑

男主角:卓寻

分手原因:一味黏人,在爱里迷失自己

当生活的压力越来越多,人们便会越发地去寻找解压的方式,比如艺术类的东西,比如电影。

格桑对电影算是情有独钟吧,一有空闲时间便坐在电脑前查看着各种电影简介和即将上映的影片资料,甚至每部感兴趣的电影影评也不会放过。但这么卖命地钟爱电影,美其名曰解压,那其实都不是格桑真正的意图。

她真正的意图只有一个,那就是让卓寻能多陪陪自己。

"明天电影是午夜场,千万别忘记。"格桑拨出空闲时间跑到医院楼梯间与男友阿寻煲电话粥,整个身子瘫在台阶上,潇洒摆出"大"字。

"午夜场?你不用工作的吗?"正趁接电话的空隙补充水分的卓寻,一个惊吓,全喷电脑屏幕上了。

"今天轮到我夜班,所以连休两天。"格桑满怀着期待,连带脑补着明晚

将会发生的事。

"我的天,午夜场的电影,大半夜吓人啊?"卓寻一边擦干电脑上的水,一边无奈回应。

"什么吓人啊,你到底是要不要陪我?"格桑猛地坐起,眉头将前额锁成了"川"形。

"我不是不陪你,而是明天我正好加班。"

"我订了两张票,我不管,你一定得陪我……"

嘟嘟嘟……

电话那头传来了任性的忙音,卓寻将手机随手扔在桌上,转身望向窗外,无奈地叹了口气。

白日里的城市充满繁华的气息,却总在夜深人静时才裸露原本的寂寞。世界都在变,何况是人,可是曾经懂事独立的格桑究竟被藏到哪里了?

他皱了皱眉,脑海不禁浮现许多往事。

而这一夜,卓寻同格桑一样,熬夜到天明。

对于卓寻来说,天光乍破意味着新的一天新的奋斗,但对于格桑来说,时针抵达八点便会打开通往床的大门。

当格桑睡眼惺忪地离开床的怀抱,夜幕点燃了城市的灯火,翻看时钟,已是八点三十。

她拨通电话,"你在哪儿?"

"摄影棚。"

"拍摄还没结束?"

"是。"

"什么时候结束?"

"不确定。"话语简洁得像在敷衍。

"今晚咱们的电影记得吗?"格桑有些不开心。

电话那头的嘈杂声消失,回音增大,想必是阿寻走到了单独的空间接电话。

卓寻有些抱歉:"改日吧,下午最后一组广告模特迟到延迟了拍摄时间,今天必须完成工作,所以我们团队所有人都得加班。"

"没关系,我等你。没吃晚饭吧?我做好了给你送过去。"没留一点空当,电话挂得直截了当。

卓寻无奈将手机放进口袋里,又回到棚里继续疯狂摁着快门键。

九点整,格桑提着饭盒出现在了摄影棚,她坐在休息区看着认真工作的阿寻,不时向回头望她的他挥手,扬起笑容。可是,工作的节奏太快,就连中途休息时,他们也没搭上一句话。

十点三十三分,拍摄结束。

待人都走光,卓寻将缩在凳子上睡着的格桑轻柔放到背上,脖子上挂着她的挎包,右手留出空隙拎着饭盒袋,一步一脚印,慢慢走回了家。

夜里,卓寻独自将凉掉的饭菜一扫而空后躺在格桑身旁,望着她熟睡的脸颊渐渐入眠。

隔天,卓寻被派去出差,去了西藏。

格桑忙碌在急诊室,可是心思却还是牵在遥远的卓寻身上。

因为急诊室的忙碌,格桑趁着工作的空隙累瘫在休息间,她连握手机的力气都没有,却在电话接通后浑身像打了鸡血,元气满格。

"嘿,卓寻,你在干吗?有没有想我?"

"我在整理素材。"听得出，卓寻的话语满是疲倦。

"卓寻，我这里快忙疯了！"格桑耷拉着脑袋，轻声撒着娇，"你什么时候回来啊？你还欠我一场电影呢。"

"快了。"他轻微叹了口气，蹙眉。

"多快？"她撅嘴。

"很快。"

时间的确过得很快，仿佛不经意间就从眼前闪过，卓寻也确实很快就回来了，可他一下飞机就急忙回到公司整理工作资料，完全开启了工作狂模式。

大老板离开公司的时候经过卓寻："刚出差回来？"

"是的，老板。"

"忙得差不多就回去吧！"大老板看来心情很好，卓寻这才想起，之前告诉格桑自己的行程，但回来后却没有向她报备。

他拿出手机，呵，果然，五十几个未接电话。

卓寻趁老板走后，放下手中的事火速奔回了家，见到格桑二话不说，使劲拉着她直奔影院，他知道，他欠她一场电影忘了还。

拿到票的时候格桑开心得像个孩子，也忘了问他为什么不回她电话。

两人兴高采烈地进了影厅，却各自心怀心思地走出了影厅。

因为从影片开始到结束，格桑竟靠在阿寻肩上睡了整整两个小时。

是她撒娇任性吵着要来看电影，是她每每都提醒他还欠她一场电影，风雨无阻地，可坐进了影院后，格桑却从开始睡到结束，整个过程只有卓寻一人观影。

观影结束后,他们来到了"老地方"小吃店填饱空荡荡的肚子。

席间,格桑独自津津乐道着这部电影,像个专业影评人。

"你觉得电影好看吗?"阿寻忽然问道。

"当然呀。"格桑对着满桌子的菜肴垂涎欲滴,迫不及待地拿起筷子。

"那你从头睡到尾……"他的声音渐渐变得冰凉,"你看了吗?"

格桑像个被拆穿谎言的孩子:"那……那人家不是觉得你在身边有安全感才睡着了呀!"

"拜托!你下次别那么任性了好不好!公司一大堆事等着我去做,可我放下了,为了什么!为了你,为了你吵着闹着要来看的电影!"阿寻把手里的筷子往桌上一扔,嗤笑道,"可是,现在电影看了,你却睡了!"

格桑低着头不说话,心里却委屈地直想哭。

他认为格桑在伪装,掩盖她睡过了整场电影。可是他不知道,她的疲倦是由于约定前用了好几个夜里浏览影评,熬夜做好功课。

因为她爱他,所以没关系,她愿意去了解,她愿意为他做任何事。

于是好好的一顿饭,两人吃得冰寒肆意。

一路上,两人都没有说话,这段冷冰冰的气氛被他们带回了家。

格桑想打破这样的沉默,却不知该如何是好,眼神忽然晃过了挂在墙上的日历,被红笔圈起来的那个数字让她重新展露了笑脸。

"阿寻,我们下下周回大学看看吧。"

"回学校?有什么事吗?未来一个月工作室都会因为各大活动忙碌起来,恐怕我去不了。"他摁住眉心,一脸疲倦。

"你请假嘛!我一定要你陪我去的,好不好?"她牵着他的手撒着娇。

"你又来了，我怎么可能把工作丢给团队自己去玩乐！任性！"他微怒。

"我任性？一年到头到底有多少时间花在你的团队里，又有多少时间真正陪过我？我是你女朋友，难道一点点要求都不可以提吗？"格桑也发起了脾气。

前面格桑的委屈成了导火索，现在的谈话升华成了争吵。

"一点点要求？"他自嘲着闭上了眼，"格桑，我受不了你了，我累了。"

话语轻柔，刺耳。

他转身离开了，整个房子刹那显得异常冷清，仿佛他从未来过。

格桑顿在原地，心如刀割。

阿寻一定是忘了，下下周是他的生日。格桑希望阿寻即使再忙碌，也不应忘了自己的生日，何况她还想送他一份惊喜，在他们相识相恋里回忆最多的大学里。

可是，他只当那是她的任性。

她犹豫是否追去，可她怕他会更加厌烦，却又害怕真正失去。

霎时，他们的甜蜜往事浮现在了脑海里，格桑泪如雨下，连呼吸都发疼。

生活又开始不紧不慢地进行着，格桑想在大学为阿寻庆生的念头打消了。

于是凌晨五点，格桑结束了抢救室的奋战，风风火火地来到了阿寻的工作室。

她想，既然在大学过不了生日，那么就就近原则吧。

她走进乌七八黑的摄影棚，手忙脚乱地把原先摆好的设备和物品清理得干干净净，随后放上了自己随身带来的东西，等待着八点的到来。

卓寻的声音终于渐渐靠近，身后还跟着其他人。

"祝你生日快乐……"手捧着生日蛋糕的格桑忽然出现在阿寻身前。

阿寻吓了一跳,他连谢谢都没说,而是连忙跑向影棚正中处,桌子上摆满了美食和鲜花,原先摆放到位的设备全都不见了。

"你在做什么?"他没有顾及这突如其来的蛋糕和祝福,反而眉头紧蹙、破口大骂,"真是胡闹!走开!"

卓寻和助理们带来的还有好几个客户,他们看见了这样的画面,纷纷摇头,一脸失望地准备转身离开,卓寻连忙上前留住,但却无济于事。

这好像是一场谈好的拍摄,卓寻疾步走向格桑,怒斥着,"你看看你,我们花了一整晚的时间布置的拍摄场地,一下子被你搞砸了,你开心了吧?"

"我……我只是想给你一个惊……"格桑捧着蛋糕,连说句话都哆哆嗦嗦的。

"够了!出去!"他愤怒地指着门外。

他曾爱的格桑去哪儿了,为什么她会变成如今这么任性又黏人的模样?

格桑被泪水吞噬着整个身子,撕咬得血淋淋。她挖尽心思地想要他快乐,想在生日当天给他一个惊喜,却是真的只有惊,没有喜。

她再也承受不了他的怒目,她来了一次出逃。

阿寻拼命地寻找,从家到医院,再到影院,翻遍任何她常去的地方,却依旧寻不到她的身影。卓寻颓废地坐在街边,他慢慢开始回忆格桑曾说过的一言一语,忽然定格在了"大学"两个字眼上。

又是一路狂奔。

踏进校园的刹那,仿佛甜蜜往事还历历在目。

卓寻径直跑去了他们相遇的校园小影院,果然,发现了格桑蜷缩在位子上,此时影厅正在放映着旧影片——《北京遇上西雅图》。

他选择坐在她右侧斜后方隔排的位置,他想靠近她,但他越是走近,越是能清晰望见她眼角残余的泪珠。

放映结束，灯光照亮了整个空间，卓寻轻身挪动到了格桑身旁，她被他的"突然来访"吓了一跳，他将她的头揽入怀里，微微地笑。

"我真的好爱好爱你。"格桑喃喃道。

"我知道。"卓寻心疼着。

"可是这一次，对不起了。"格桑说出这话的时候，心底犹如千军万马踏过，她的嘴里是说不出口的苦涩，"阿寻，我们分手吧。"

卓寻显然吃了一惊，她挣脱开他的怀抱，泪缓缓地掉。

"因为太爱你，所以我陷入了太深的感情旋涡，我被吞噬得再也找不到自己，满脑子想的都是你。我希望你时常陪我，可在你眼里这只不过是我的任性。"

卓寻不再说话，好像格桑的句句反省说中了他的心声。

随后格桑吻上他的唇，蜻蜓点水，随后离去。

格桑曾经一直在想，别人的爱情那么艰难都走下去了，为什么他们的不可以？可是直到电影落幕格桑才明白，这段时间他们为什么彼此都过得很累，那是因为格桑将爱用错了方式，爱不是黏人，爱不是占有。

年轻的我们在恋爱开始的时候并不完全明白爱情的真谛，也常常用自己拙劣的方式去爱对方，去要求对方，以为爱就是完全的陪伴。

直到一步步将深爱的人逼到角落爱情分崩离析后，我们才恍然发现，纵使你再爱一个人，你也要留一些空间和时间给他，不要用爱的借口去摧毁他。

因为爱是两个人互相融入进对方的生命里。

因为每一个人都需要有一处完全属于自己的独立空间。

眷尔的治愈小语：找寻迷失的自我

爱情来得突如其来，爱情来得兵荒马乱，有人喜欢，有人快乐，有人受累，有人心酸。在前面的几个分手故事中，我们看到了庄曼拿着宋城给的礼物可怜巴巴地懦弱顺从，也看到陈纯为了迎合男友不管不顾自己的身体而肆意减肥，更是看到了格桑的撒娇黏人，在爱里逐渐走向了被动的局面。

有些人会说，你瞧这些女人，她们只是想轰轰烈烈地爱一场，她们没错！

有些人会说，你瞧这些女人，都没有个人主义，这样的爱情卑微到脚底！

我相信，我们每个人都能从他们中间看到矛盾与问题，那么你曾经也如庄曼一样，因为物质生活而迷失了自己吗？你也筋疲力尽只为变成男友喜欢的模样吗？你甚至为了求得对方的爱而化身成了他的附庸而不自知吗？

不，我相信你不想做这样的人。

并且，爱也不能是这样。

爱应该是两个相爱的人同舟共济，一起漂流到达理想彼岸的过程。它不是一方一味付出就能换来的地久天长，也不是博君一笑而换来的长情陪伴，它高尚、神圣，它是一种双方共同经营的东西，是一种持续力，是一种生命力。

而这些，在我们出生的时候是不会被告知的，直到我们被教育，然后长大成人，领悟到自己真正想要的是什么，想做的是什么后才知道，原来自我是找寻爱的根基。女人们只有自己找到自我，明白自己到底想干什么，才能有规划，才能对自己的未来，甚至婚姻家庭做出选择。

伟大的丹麦哲学家克尔凯郭尔曾经说过一句话，他说人生有三种绝望：不知道自我、不愿意有自我和不能够有自我。

一个人在世界生活了那么久，却不知道自己想要什么，这就是不知道自我。

而整天不是两点一线的日常工作就是漫无目的地泡吧闲逛，甚至还觉得自得其乐，即使知识匮乏，脑袋停滞都不为所动，这就是不愿意有自我。

爱上一个人渐渐心里全是对方的时候，所有的理智和思维都趋向于0，就像死亡时脉搏心脏的"滴……"的警告音，不能够有自我，简而显之。

女人认识到"自我"是非常关键的，她的独立与空间，会使得自己在眼前这个男人面前展现一种他看不透猜不着的迷人魅力，他若是觉得你就是一本看不完的书，那么你就算成功了一半。

但是其实在人生中，我们的心里都会存在着一个自我，她主观、独立，她有着特别的思维和想法，只是我们一直忽视了她。

每当拿到一张集体合照的时候，我们首先看到的人脸，那就是自己。

每次拿到一些资料的时候，照片一栏永远是最先被自己吐槽或赞扬的，大部分人都会这么做，不管那些资料是否重要到下一秒就要送去处理。

每天早上起床的时候，我们面对镜子里面的人，我们都会不自觉看着自己，甚至凑近看向脸部的每一个细节……

不要认为得了不治之症才是人生最大的悲剧，也不要认为没考上大学是人生最大的不幸。其实，我们最大的悲剧与不幸在于自己失去了自己。

恋爱中的女人总是"重色轻友"，大部分女人都会不知不觉为了男友与朋友们的沟通越来越少，久而久之连联系都没了，于是女人们将自己锁进了自己与男友建设的小小圈子里，但突然有一天，爱情发生了变故，女人们离开，但握着手机想找个知心人吐吐苦水撒撒娇，却居然连一个真心靠谱的人都找不到！

女人们啊，与其最后落得一个孤独的自我排解，为什么不多多照顾一下自己的内心呢？别把男人作为爱情的全部，别在爱情中不断地迷失，要知道，我们可是有太多的事可以做，我们应该将视野扩大，做一些自我的事情，周末的时候闲着没事与朋友们多出来聚聚，保持良好的关系，不要让自己关了心门，到最后终究害惨了自己。

(1) 享受一个人的独处时光

有个姑娘曾经问过我："我一个人待了一下午，什么事都没做，我觉得心里空落落的，我该做什么打发这无聊的时间？"

姑娘一说完这句话，我突然想到黄碧云曾说过："如果有天我们湮没在人潮中，庸碌一生，那是因为我们没有努力活得丰盛。"

我很想和那个姑娘说，这个世界有太多一个人完成的事情，真正活得优秀的女人，没有碌碌无为的片刻，只有不断地忙碌和在不断地充实自我中得到提升。

其实如何去打发时间，这个答案太好答了。

比如找一份觉得适合自己的工作；

比如趁着周末，做个优雅的瑜伽锻炼；

比如看一本你一直想看却从没看过的书；

比如烘焙一个梦寐以求的蛋糕，烤成金黄色最好，烤坏了再来一次；

又比如画一幅山清水秀图，写上一幅书法，锻炼自己的艺术细胞……

当你正在去做，或者即将去做的时候，你会发现，这个世界上需要你关注的东西太多了，好玩的东西也太多了，于是生活就像一个三明治，里面夹杂着丰富的芝士、火腿，当然还有生菜叶，你喜欢的，不喜欢的，你尝试的和你厌烦的，都会出现在你面前，这时，你还会整天腻歪在男友身边，不知道一个人的独处时光该如何过吗？

(2) 与朋友们的结伴玩耍

又有些人会觉得，一个人的独处时光过惯了，就会变得太自我，根本没法维系与男友的感情。

独处，不是自我封闭。独处，是给自我认知的空间与调节。

我们要在独处的"度"上掌握分寸，如果你觉得自己独处着事倍功半，那么何尝不可以约三五个好友，出去玩一圈呢？

又比如背上大背包，与朋友户外走走，感受大自然的美丽，吸吸绿色氧气。

又比如和朋友一起进行有氧锻炼，互相鼓励，计划若是完成了便去庆祝一番！

又比如来一场 K 歌秀，邀上你的亲朋好友，让自己的生活有更多的选择。

在爱情里，很多女人都曾咬牙切齿，忍辱负重，觉得让一让男友，就能换来

"爱他所以迁就他"的理解,于是"委曲求全"成了女人的"美德"。

  但事实不是这样,越是无休止地忍耐和纵容,只会把自己陷入无尽的沼泽挣脱不出。

  亲爱的朋友们,不要再在你的伴侣身上不停地动着脑筋,不要和他玩起了"好玩"的益智游戏,将这些精力和心思投注在自己的身上,努力去完善和提高自我的水平吧,也唯有如此,你才会成长为一个有内涵,能找到自我的人。

第二章

分手吧，
我的个性在哪里

郁郁寡欢，这是他后来评价我的话

周黄玉

女主角：辰光

男主角：小竹马

分手原因：接受不了失败的爱情一直有悲观情绪

暴雨中，楼下站着一对男女。

"你知道我最爱你什么吗？就是全世界都认为你是个王八蛋，而你的确就是个王八蛋！"辰光望着男人渐渐消失在前方的身影，雨水混杂着脸，泪流满面。

辰光和初恋分手了，因为捉奸在床！可辰光一点儿也接受不了，这只有言情小说里才会发生的狗血情节，竟然在她身上发生了，于是她对前男友死缠烂打，苦苦相逼，后来还是小竹马拖着她去看了心理医生才得以解决。

"医生配了些百忧解，舒缓神经的……"小竹马拿了两片药，端过水给辰光吃，"辰光，过去就过去了，初恋就是为未来的爱情而打地基的。"小竹马是辰光的青梅竹马，所以他死都不会告诉辰光，百忧解其实是抗抑郁的药物，他怕刺激到她，因为这可怜的初恋，辰光已经被折磨得昏天暗地了。

时间轴一转，小平房转眼建成了大高楼。

可辰光的感情却依旧停在原地，随着时光流逝渐渐倒退。

她现在是一位出众的作词人，却写下满篇的惆怅。

"辰光，你来看看，这一次的新歌主题是为了表现青春的张扬，而不是痛诉青春里的一些恋爱黑暗史。我们的词曲风格不符，连凑合都不行。"小竹马愤愤地拿着一堆纸，拼命摇头。

想当年为了完成辰光的音乐梦，小竹马可是苦心钻研作曲艺术，他想着和辰光的作词相得益彰。然而久而久之两人待在一起，他成了辰光的现任男友。

"嗯，那到时候我再改改。"辰光头也没抬，随手将稿件放在了一旁，继续翻阅着手中的东西。

那是一本日记本，纸张泛黄，大致是许久之前的。

他靠近辰光，心想她或许想从过往日记中寻找青春的感觉吧，便也不再说什么，辰光认真的模样映入他的眼眸，他看得入了迷。

"哦，对了，上次主题曲大赛咱们获第一，晚上大伙儿为我们设了庆功宴。"差点忘了正事，他猛然回神说着。

她依旧未抬头，轻声应了好。

那一刻，她因为失眠而留在眼底的那一圈青乌被他捕捉到了，烈日的阳光洒进了窗户，他细心地为她拉上了纱帘，随后离开。

但他却没看见，身后她望着手里的日记本潸然泪下。

他们看似天作之合，可在音乐里，两个人却有着思维的撞击。他的曲子总是向往着未来，但她的作词却总是祭奠着过往。那时小竹马可不懂，他觉得这是辰光的风格，但这连凑合都不行的组合配对，成了他们在一起永久的伤。

夜里的城市灯火辉煌，KTV里回荡着获奖曲，扰得辰光心神不宁。她和小竹马是这次获奖的最大功臣，于是被"庆祝"灌得烂醉。

酒精逐渐在体内循环了一圈，两个人都开始了恍恍惚惚，大伙儿纷纷摇身变成狗仔，各种挖掘词曲人背后的失恋故事。

有的说，失恋是一段悲痛的爱情。

有的说，失恋应该是暖伤系的。

有的说，关于失恋，得从相恋说起吧。

有的说，从初恋开始！

……

七嘴八舌中，辰光准确地捕捉到了"初恋"这个词。

混合酒精的头脑，她一下子从人群中站起，在欢闹的气氛中大声喊："哈哈，我是小竹马的初恋！"

"喂，辰光！"小竹马害羞地拉住辰光，话语轻柔。

辰光蹭着小竹马的脸，吹着热气，弄得小竹马心里直痒痒。

"青梅竹马，相依相伴……"辰光刚说完，在大家起哄声中，小竹马的吻铺天盖地就落了下来，辰光觉得喉咙干涩涩的，那个吻隔绝了外界的喧闹。

但悲剧的是，辰光没有因吻的深刻而手舞足蹈。

她黯然落泪，咸入心湖。

他们青梅竹马，他们相依相伴，小竹马以为自己的陪伴和长情会让辰光看见。可他不知道，这只不过是被辰光照在身后的影子，他们的开始也只不过是建立在她前一段感情的结束，并不是从一开始就成双成对的。

回家后已是深夜，辰光酒醒难眠，月光下的百忧解显得格外孤寂，犹如她诉不出的心绪。很长时间，她总是抑郁，也总是靠百忧解排忧解难。

此刻依旧如此，过去的伤痛侵蚀着她的神经，辰光叹了口气，药片入体才得以心神安然。

周末，两人难得休息，小竹马见辰光黑眼圈越来越重，想必是因为作词的压力导致了严重失眠。他为了缓解辰光作词的压力，准备带着她去听一场音乐会，他打算将门票夹在她经常翻阅的日记本里，作为惊喜。

他轻声推开辰光的房门，悄悄靠近还在熟睡的她。她眉头紧锁，眼圈青乌，大概睡得不好。他伸手轻柔地抚上她眉头，轻轻将其舒展，满心的怜惜。

他翻开放在床头的日记本，将门票夹入。

他想，这本日记她经常翻阅，应该会发现夹在里面的音乐会门票吧。可当他翻开日记本的刹那，他看到了几个字：我想你，前任。

他叹了口气，眼眸黯淡，转头望向她却又是满眼怜惜。

难得的休息日仿佛和工作日没多大区别，辰光照例拿出日记本。

啪！什么东西掉在地上了。

她捡起门票愣在了原地，眉头微蹙。

有人翻了她的日记本，这个人无疑就是小竹马。

可正在这时，小竹马闪着一脸阳光对辰光说："surprise！"

"音乐会？"辰光合上日记本，对小竹马甩了甩那两张门票，警惕地看着他，好像生怕里面的秘密被他看到一样，"那你为什么想到放在这个本子里？"

"看你每天必看必写这个本子嘛，夹一下喽！"小竹马摆了摆手，无辜地说道，"放心啦，我才不要看你里面'羞羞羞'的情节呢！"

"你才羞！"辰光听完小竹马的话，警惕心马上放了下来，"快去听音乐会啦，来不及啦……这可是我最爱的宫崎骏呢！"

于是小竹马牵着辰光的手喜滋滋进了会场。小竹马高兴的其实不是辰光和他一起听音乐会，而是她怕他看了她的日记本。

看来她是在意他的，看到自己还不至于比她心里的前任差很多嘛。

会场里，小竹马坐在辰光左边，一脸的幸福样。

这是一场由国内的宫崎骏青年动漫乐团演奏的音乐会，可是晚上辰光又难以入眠了，她的耳朵里不断盘旋着音乐会里的旋律。

最可怕的是，她的脑子里浮现的竟然全是曾经与前任开心看片的回忆，而不是刚刚音乐会里的时光。

辰光的前任最喜欢看宫崎骏的电影，两个人看过所有宫崎骏的电影。

那一刻，她坐在漆黑的房里，闪烁着泪光的眼睛空洞地望着前方，一丝忧愁拉紧了神经，毫无倦意。她服下百忧解，痛苦的心绪才得以缓解。

工作室钟表的时针一圈圈地转，无数个昼夜交替，辰光发现自己对百忧解有依赖了。但与此同时，这里也弥漫着喜悦的气息，新曲上线很成功，还迎来了很多大佬的投资，工作室设立了一个盛大的庆功宴，要求每个人必须盛装出席，地点选在了郊区半山腰的一栋古别墅。

宴会这日小竹马早早出门到会场准备现场的音乐。

而辰光却是被快递小哥的门铃声惊醒，她一看时间，十一点。

盒子里装着一件精美的礼服和一张纸条，她惊讶得合不拢嘴，连忙查看：特意为你而定做，希望在宴会当日看你穿上。

辰光这才知道，因忙着作词，自己早将宴会的事忘到脑后，根本没准备礼服，但小竹马总是细心万分，连礼服都给她准备好了。

辰光对礼服爱不释手，她欣喜地站在穿衣镜前比试，像个得了糖的孩子。

正午时分，辰光衣装整洁地站在别墅的围栏外，而围栏内竟是空无一人。她想大概她来迟了，所有人都已经进场了。可是四周的布饰令她忍不住多看了几眼，这样的场景在哪里见过，特别熟悉，辰光若有所思地走向别墅大门。

推开门，漆黑一片令她愣在了原地，她奇怪地翻看了手机里的地址，怕自己走错了，可手机里的地址准确无误地显示着就是这个地方。

"有人吗？"她左顾右盼着轻声询问。

语毕，聚光灯霎时将她照亮，素白的丝绸上绽放着白莲花，在灯光下衬得她绰约多姿。她放下遮住光亮的手，环顾四周。

整个大厅被五彩鲜花筑成，脚下踩着"白云"，空中悬吊着各式各样的飞马和爱心气球，由白玫瑰筑起的小人们有秩序地以过道为中心排开，脚下的红毯蔓延至大厅最深处，在那里矗立着用巧克力砌成的缩小版新天鹅堡。

辰光睁大着眼睛愣在原地，这不是她最梦想的婚礼世界吗？

她梦想自己能够在新大鹅堡举行一场由满是五彩鲜花筑成的婚礼，她希望婚礼充满着罗曼蒂克的气息，她的梦想从未对他人提及，而此刻却活生生展现在眼前。耳边传出了宫崎骏电影里的音乐。

那一刻,辰光觉得自己的背脊阵阵发凉,她的梦想一丝一毫都没有透露过别人,只有将自己的梦想幻化成浓墨重彩,在日记本里飞舞。

突然,辰光一个"哆嗦",日记!这是唯一可以解释这些奇怪画面的东西!

那么,是谁看了她的日记呢?

伴随着音乐,推车车轮滚动的声音渐渐向她靠近,装饰得华丽的多层蛋糕出现在眼前,最上一层是一对新人,两人的手交叉捧着一枚精致的戒指。

小竹马从蛋糕身后出现,他身着高雅燕尾服,手捧鲜花,单膝下跪。

辰光那一刻,眼泪都流了出来,她流泪不是因为小竹马成全她的梦想婚礼而觉得浪漫落泪,也不是看到此刻这闪烁的惊喜而激动涕零,而是这段她心底最深的秘密在这里被堂而皇之地挖掘出来,辰光只感窒息。

"你是怎么知道的?"她看着单膝跪地的小竹马,话语颤抖。

小竹马他微微笑笑,俏皮地说:"难道你不先说一声'yes, I do'吗?"

"我是在问你,怎么知道婚礼的布置的?!"辰光泪水决堤,内心焦急。

奏乐戛然而止,小竹马错愕不已,他看着辰光这不明所以的情绪缓缓起身。

"我不经意从你的日记本里看到的。"他的声音轻柔,却给了她沉重一击。

"你骗我!"她睁大着装满泪水的双眼,不可思议道,"上次我问你有没有偷看里面的东西,你说什么来着?!"

"那不是偷看,辰光。"他蹙紧眉头望着她,满眼的焦急却又带着无奈。

"小竹马,那是我的隐私啊,你不能这么对我!"

他顿在原地望着情绪激动的她，一咬牙心一横，话语脱口而出："说到底，你现在这样，还不是因为我看见你写的前任吗？"

"你给我闭嘴！"辰光大怒。

"辰光，你到底是在意我翻看了你的日记，还是你依旧沉浸在过去？"

其实小竹马那次将音乐会门票放入她日记本的时候，除了看到她说的想念前任的话之外，还无意发现了她所描写的心中向往的婚礼。他想，若是他能为她实现梦想中的婚礼，说不定能化解前任带给她的伤害呢？

谁知，事实是适得其反，辰光夺门而出，小竹马蛋糕上的蜡烛也渐渐暗灭。

其实小竹马知道辰光一直念着过去，他千方百计想将辰光拉出前一次失败恋情的牢笼里，他也知道她夜夜难眠，他更知道她为了前任搞得自己郁郁寡欢，还差点积郁成疾，所以他拿出了百忧解，告诉她，这个药物释放神经，缓解恋情。

可是辰光怎么会知道，她觉得唯一依靠的百忧解其实只是小竹马为了让她走出阴影的道具，那只是最普通的补充营养的维生素。

他一步步想将她脱离那场爱的风雪，可惜直到最后，她还是没能果断地跨出。

那么，即使他的编曲再动听，她的作词再动人，风格不符，便也凑合不得。

每个人都会在爱里受到伤害，有些是成长的印记，有些是重疾，久治不愈。可是伤痛结痂总有脱落的时候，不是每次的重创便永远活在阴影下。

假如戒掉百忧解，勇敢牵上了维生素的手，在神秘又浪漫的宴会上共舞，那么从那一刻后，我们又开始了新的路程，如果我们坚持一下，步伐再迈大一些，如果我们珍惜当下，不要一直郁郁寡欢活在过去的世界里，那我们便可以重生。

为什么不能接受失败的爱情？

人生中的失败爱情是让自己走向成功婚姻的引力，如果今后有一个人离开了你，却还信誓旦旦地说着祝你幸福，那你大可以狠狠地回他一句：你都离开我了，还有什么资格祝我幸福！

人云亦云，他不想永远和我谈办公室恋情
桃酒千盏

女主角：沈熙

男主角：傅静言

分手原因：没有自我追求，活着只为迎合恋人

沈熙把培根芝士卷端上桌的时候，傅静言晨跑回来刚洗完澡，他一身的水汽，有种秀色可餐的味道。沈熙笑眯眯地走过去，拿了浴巾想给他擦头发，傅静言却往后退了一步，皱着眉头推开她的手。

"熙熙，你手上有蛋黄酱。"

"哦。"沈熙的笑容淡了一点，把浴巾递给他，转身去厨房洗手脱围裙。

再出来的时候，傅静言已经进了卧室，门关上了，估计在换衣服。

沈熙取了报纸放在他餐桌座椅的左手边，见他还没出来，便去收拾浴室，最近傅静言刚刚竞聘上副处，正处于考察期，虽然同在一个单位，但他忙起来两人一整天碰不上面，所以她格外珍惜早上这一会儿共同相处的好时光。

哪怕只是简简单单坐在一起吃个早餐。

第二章
分手吧，我的个性在哪里

刚把他换下来的外衫放进洗衣机，卧室门便开了，傅静言手里提着公文包，人已经走到了门口，沈熙赶紧追出去。

"静言，你不吃早餐吗？是你最喜欢的……"话没说完就被打断。

"我今天要带队出去征信检查，早饭直接在行里吃，晚饭不用等我了。"

他说完便走到玄关换鞋，沈熙愣怔怔地忘了过去替他拿公文包，傅静言直起身对着全身镜整理了一下衣服，然后开门关门毫无留恋地走了。

门关上的那一刻，沈熙才慢半拍地反应过来，上一次傅静言出门之前弯下腰笑着让她整理衬衣领带是什么时候的事呢？好像是很久之前了吧，她记不清了。

沈熙又是赶在8点25分的时候急匆匆地走进了办公室，一直以来，她和傅静言虽同在一个单位，却很少一起上班。

傅静言一直是个有进取心的人，沈熙作为妻子也愿意支持他，所以五年来的每一天，她都是早上将傅静言收拾干净整齐地送出门，晚上再争分夺秒地买菜做饭抢在他加班回来前准备好晚餐。

她刚坐下，部长的内线就打过来了："小沈，今年办公室主任的竞选我想申报你，你看你去年也拒绝了，今年不考虑一下吗？"

"不用了，谢谢部长！"沈熙又一次拒绝了。

她和傅静言同时入行，她怕任职了高位会在事业上对他有一定阻碍，现在他是货币信贷处的处长，而自己却在办公室综合科打杂。

升不升职没什么，她甘愿在他身后做个贤妻，只要他优秀就好，她想。

今日新行员的培训在三楼东会议室，她在讲台调试话筒，第一排坐了几个女生,刚毕业的小姑娘散发着青春的魅力,连语调都是活泼欢快的。

"安安,刚刚坐在靠窗那桌吃早餐的师兄好帅啊!"有个女生泛着花痴样。

"看见呢,穿白衬衫对吧!"这个叫安安的女生唇红齿白,是个美人胚子。

"是啊,他的手指你注意到了吗?简直就是钢琴家的手啊!关键是,他没有戒痕!"姑娘们越说越起劲,丝毫忽略了沈熙的存在。

"听别人喊他傅处呢,真是年少有为啊!"安安继续说着。

沈熙其实已经听不下去了,她忍无可忍,但还是要重新再忍。

她平静地走下讲台,深深地看了那个叫安安的女生一眼。

7年前的沈熙也遇见了这样的傅静言,穿着白衬衣的年轻学长走进教室,站在讲台上清清冷冷地开口:"陈老最近身体不大好,我来替他代几天课。"

"我姓傅。"他说完便拿起桌面的粉笔在黑板上写下名字:傅静言。

手指洁白,字迹潇洒。

然后他转身翻开课本,再没一句多余的解释。

傅静言是当年经管院的一个传奇,学霸英俊宛若谪仙。

年少时候的沈熙带着一腔热情和几分天真,为了傅静言跌跌撞撞到头破血流,才让他钦点了头,从此两人踏入这万丈红尘。

7年前他们珠联璧合,7年后的现在已是云泥之别。

7年里,傅静言被沈熙小心安放妥善收藏,像钻石一样逐渐打磨出光芒,而沈熙在日复一日的柴米油盐生活琐事中被耗尽所有好时光。

沈熙靠在客厅沙发上一直等到11点,困倦不支地直打瞌睡,又担心

第二章
分手吧，我的个性在哪里

傅静言喝醉了没人照顾，仍强撑着不敢入睡，12点过去，手机响了，是傅静言。

电话接通是陌生的声音："嫂子，傅处喝多了头疼，我们在紫金华庭……"

又是这样，沈熙已经见怪不怪了。

这几年随着傅静言的职位逐渐升高，晚间喝酒应酬的频率也直线上升。

其实傅静言第一次被灌趴下的时候，酒店离家挺近，人家看他路都走不稳想帮他把老婆喊出来接应一下，他坚持不肯，说这么晚了沈熙一个人出门不安全。从此傅静言疼老婆的名声便在行里流传了开来。

可是后来被灌醉的次数多了，傅静言也渐渐没那么坚持了。十次里有四次会让沈熙打车来接，然后第二天再去酒店取车。

记不清是哪一次去取车回来，傅静言揉着眉心对沈熙说："熙熙，你去学车吧，总这样也挺不方便的。"

沈熙看着他疲倦的表情，点点头乖乖去报了驾校。

傅静言有个习惯，即使喝醉了，夜里还是习惯性地把沈熙搂在怀里紧紧勒住。

这样的姿势让沈熙很不舒服，她总会在半夜里因被傅静言压得喘不过气而醒来，但傅静言整个人带着一种强势和需要的气息让她不忍拒绝。

起初她想，他得有多寂寞才会在睡梦中都有这么强烈的占有欲，但后来有一次，傅静言醉了，紧紧抱着沈熙轻轻念了另一个人的名字。

那刻，沈熙终于恍然，他想要锁在怀里的并不是自己啊。

沈熙拿着保温杯站在傅静言办公室门外，她看见办公室里的傅静言在落地窗前静静站着，光将他身影拉长到了一个女生的脚下，然后女生顺势在上面踩了几脚，然后抬起头冲他一笑，颊畔两个梨涡，目光清澈柔软。

她一看就知道，那个女生就是那个新行员，安安。

女孩这样的眼神，傅静言不会不懂，但他只是这样垂眸看着。

他从来就是这样，不主动、不拒绝，也不承诺。

沈熙突然觉得没有勇气也没有力气走进去，从她第一眼看见安安那刻起，她隐隐就有预感：安安会成为打破她岌岌可危的平静生活的一块巨石。

她转身去洗手间把保温杯里的绿豆汤倒了，绿豆汤是早起专门为傅静言准备的，他宿醉醒来的第二天总会头疼，但是她想，现在来看，他不需要了。

这和爱情是一样的，可以解头疼的饮料除了一碗绿豆汤，还有别的花样。

安安的出现，让沈熙不禁想着，是不是自己这碗绿豆汤失去甜味了，于是他辗转爱上了安安这杯甜梨汁呢？

冲洗杯子的时候，沈熙静静地看着镜中的女人，身材走形、面容疲倦，女人三十豆腐渣，面前的自己，老得吓人。

沈熙明白，她的整个人，包括她所有的热情都被傅静言耗光了。

中午，沈熙取餐后习惯性地走到靠窗的那桌坐下，今天的餐后水果是哈密瓜，傅静言喜欢这个，如果是平时，沈熙一定会用托盘多装几片给他。

而今天，沈熙只是看了一眼，然后就绕过了取餐台。

傅静言照例来得晚一些，沈熙今天并未帮他打好饭菜，他有些诧异，不过也没说什么，转身去餐台取餐了。

旁边桌的安安像是追逐花朵的蝴蝶，眼神翩翩然就跟随了过去。

沈熙不用抬头，也能想象到会是怎样的情景。

傅静言取餐也是一丝不苟的样子，他会体贴地帮你拿好碗筷和纸巾，取餐也会让女生先取，他每道菜都只取适量，碰见很喜欢的也不会多加一勺。

他总是这样理智而克制。

傅静言自然而然坐在了沈熙面前开始吃饭，但他的手机一直在震动，旁边桌的安安咬着筷子，双手在手机上飞快地起舞。

傅静言慢条斯理地用餐，就像毫无察觉一般，甚至还心情颇好地替沈熙剥了虾。沈熙没碰那几只剥好的虾，她看着他这样游刃有余戏猫一般的姿态，又看见旁桌捏紧筷子因不甘而愤怒的安安，内心一片荒凉。

午休的时候沈熙又做了那个梦，那个在她婚后的5年里很多个被傅静言冰冷隔绝在心扉外的午夜倒带重温的梦。

暮雪的傍晚，校园里人已经很稀少了。

她撑开伞，转头期待地看着傅静言。

就在这时，拐角的地方有辆车过来。她的胳膊被他一拉，然后撑开的伞尖不经意地刮到他的脸。

傅静言愣了下，眨了眨眼睛，停下脚步。

"怎么了，戳到眼睛了？"她紧张地问。

他揉了揉眼帘，声音低低地说："好像是隐形眼镜掉出来了。"

"啊！"她说，"别揉了，我看看。"

然后收起伞，踮起脚尖，观察了下他那揉红的眼睛。

"你别动，帮我拿着东西。"她说完，就将手里的伞和书一股脑儿全部给他，随即弯腰，借着手机的微弱亮光在地上找那只掉下来的镜片。

"算了。"他眨了眨不适的眼睛，"挺难找的。"

"你可别小看我。"她说着，脱掉绒毛手套，蹲在铺雪的地上仔细寻觅。

她不敢抬脚，害怕那东西被自己踩着了。

雪花一片一片飘下来，落到了发上和肩头，忽然又停了。

她一抬头，看到傅静言替她撑开了伞，昏暗的天光下，他的眼神很静很深。

"你看，不是找到了吗！"她冲他笑，将透明的小眼镜片捡了起来，递给他。

他怔松了一下，垂头看她冻得通红的手，再将目光缓缓上移，落在她脸上。

他轻轻握住她的手："沈熙，我觉得我长得像你未来的男朋友，你觉得呢？"

梦很好，也很长。

关于傅静言爱沈熙的梦，终于还是醒了。

没有落雪，没有校园，也没有那样深深凝视她的傅静言。

沈熙审视着活到如今的自己，审视着婚后这些年来的成全和付出，微微地叹了口气，一下子就哭了。

晚上，她约了傅静言在当初结婚的酒店见面。

沈熙坐在傅静言对面，她还是像从前那样会安静地等他，只是抬起头看他的目光里，再也没有了像星火一样的微光。

"静言，离婚吧。"沈熙异常平静。

第二章
分手吧，我的个性在哪里

傅静言的眉皱得很紧："熙熙，你不要闹。"

到如今，整整7年。

结婚的时候，他们还在所有亲朋好友面前郑重许下一生一世的诺言。

现在沈熙看着眼前这个曾经自己真心发誓要温柔缱绻白首不离的人，竟然出口对他说了离婚。

傅静言有些紧张，开始解释："我知道最近因为竞聘的事有些忽略你了，你看这样行不行，等我考察期过了，咱俩请公休假，去你一直想去的马尔代夫！"

"不用，咱们离婚，我可以请假自己去。"沈熙淡淡地说着。

"熙熙，你到底怎么了，有什么不满意跟我说啊！我正在考察期，你这么跟我闹，你是想让我立刻被人挤下去吗！"傅静言终于失去冷静了，他甚至主动伸出手来紧紧握住沈熙放在桌面的双手，"你知道我竞聘这个位置有多不容易！"

"那我呢，我爱你又有多不容易！"沈熙突然很想笑，可一说话眼泪全掉了下来，"我两次放弃办公室主任的竞聘，一个人去医院流掉了我们的孩子，深夜开车接应酬喝醉的你400多次，我献出了我人生中最珍贵的7年，我又有多容易？！"

傅静言微微地怔了怔，什么话也没说出来。

"傅静言，我很失望。即使到了如今要离婚的地步，你最在乎的依然不是我，而是你的事业！那我只能祝你，离婚之后，步步高升！"沈熙走出酒店大堂，整座夜间的城市灯火流连，那一刻她告诉自己：没有傅静言，她依然能拥有整个世界。

分手吧，
我会更爱我自己

有人说日久生情，有人说长年累月的习惯会上瘾。

年少的时候，总有无数傻姑娘，怀着一颗真心，飞蛾扑火，义无反顾。

我们隐忍包容，我们想着时间的长久会让对方记得自己的好，我们想着付出就会有回报，成全就会换来感恩，并对自己所托终是良人而深信不疑。

但当我们十倍百倍千倍的努力依然被对面的那个人冰冷拒绝在心扉外，当我们无限牺牲奉献却被视作应当肆意掠夺，当有一天我们悲哀地发现他对你从来不是不可或缺，而只是为了将就过活的时候，这一颗真心又该何处安放？

真心是弥足珍贵的存在，但需要一个懂得珍惜的人来呵护。

爱并不是一方一味地付出妥协就能花好月圆，请在感情中做个有尊严的女子，你若无情我便休，总有人会珍惜我们所坚持的所有。

生活平淡无味,他说我活成了提线木偶

苏宜蒙

女主角:杨静

男主角:郭厉旭

分手原因:一味迁就,我活着没了个性

天色渐渐暗了,而杨静还在努力地打扫着卫生。

这些天多亏了婆婆带着孩子,她才能空闲下来做个大扫除。

突然传来了开门的声音,杨静连忙在抹布上擦干了手,走过去迎接老公郭厉旭进门,并一如往日体贴地接过他的公事包。

郭厉旭一脸疲倦,随便地脱了鞋,就窝在了沙发上看球,过了一会儿,好像想起了什么,他的眼神扫了扫在打扫卫生的杨静:"今晚兄弟聚会,要带家眷。"

杨静停下自己手中的活儿,笑着应道:"好。"

他带她出席活动,这让她很高兴,他已经好久没带她出去玩过了。

她赶紧做了做收尾工作,哼起了轻快的曲调,去卧室换了件她觉得还不错的裙子。可因为久久不出门,连最新款式都不知道的杨静的这一身,让郭

厉旭皱了皱眉,他淡淡地说:"这条裙子你好几年前买的,款式早过时了!"

他不喜欢,于是她答都没来得及答,便转身马上换掉。

她其实最爱的,就是这件裙子了。

当初刚刚认识郭厉旭的时候,杨静是外贸企业的主管,优秀的她被公司里的资深人士所看好,但她却没经住自己的下属郭厉旭的穷追猛打,跳进了爱情的深渊里,毅然决然,也义无反顾。

都说办公室恋情不长久,但杨静和郭厉旭却手牵手步入了结婚的殿堂,之后的事儿更加水到渠成,郭厉旭争气地步步高升,杨静幸福地喜笑颜开。

结婚不久,他们便迎来了自己的孩子,于是郭厉旭就希望杨静回家好好地生孩子,说现在社会都有胎教一说,要让宝宝在还未出生的起跑线上就先跑起来。

杨静拗不过他的苦口婆心,还是听了他的话,选择了辞职在家照顾孩子。也就是因为这样,他和她渐渐地越行越远。

杨静刚辞职的时候,郭厉旭顿顿都回家吃饭,他喜欢杨静烧的菜。

也就是这样的夸赞,让杨静在家中越来越喜欢研究美食的各种烹饪方法。她开始查许多资料,做许多摘抄,一次次试验,为的是让郭厉旭吃到更好吃的菜。

后来孩子出生了,她更加觉得生活不易,郭厉旭的辛苦了。

于是每次等郭厉旭回家之后,她就征询他的意见,她倚在他的怀里撒娇:"老公,明天你想吃什么?你想吃什么我给你做!"

起初他告诉她:"唔,明天吃肉末炖蛋、糖醋排骨……"

后来他的回答开始变得无所谓："随便吃，你自己看着办吧……"

渐渐地，郭厉旭从从前的一个个小菜，到现在的随便吃点什么，成了她头疼的回答。因为他不说想吃什么，她也不知道该烧些什么。

后来网上流传一种营养餐单，杨静看着挺特别，于是问郭厉旭觉得怎么样，郭厉旭敷衍了她，觉得都可以。于是她就照着上面的法子做，每天要不就是萝卜蔬菜，要不就是海带蛋汤，大荤少之又少，说是吃多了容易生脂肪瘤。

终于郭厉旭忍不住了，有一次在孩子哭着吃奶的时候，他指着清一色的蔬菜，对杨静发火："我不是没给你生活费啊，天天吃素，你想活成神仙吗？"

"可是网上说，这营养餐，吃了增强抵抗力！"杨静无辜地说着。

"网上的话怎么能信，以后听我的，吃好点！"郭厉旭说得认真，于是杨静信了，她觉得此生唯一能信任的，除了自己的父母，就是这个男人了。

她将网上打印出来的营养食谱撕了，然后重新走去菜场买了肉和大虾。

儿子随着时间越长越大，杨静在家除了照顾孩子，还满心满眼地想着怎么育儿经。郭厉旭一回家，杨静就开始了喋喋不休地讲述她今天又看到了哪个方式会让孩子聪明一点，将来孩子到几岁后要开始学防身术什么……

刚开始时，郭厉旭觉得有趣，还时不时地掺和着一起看，但久而久之，杨静总是重复着这些套路，郭厉旭心里觉得也腻了，也烦了。

于是幸福又一次变成了泡影。那天是他们的结婚纪念日。

结婚的这几年，杨静身上的棱角也渐渐被磨平，没有当初勇往直前的勇气了。

而且这桌上一天又一天地放着郭厉旭喜欢吃的东西,他看着就不顺眼。他当初啧啧称赞的菜,如今竟然让他觉得头疼。他知道杨静爱他,却好像爱得过于没有了自我。他问杨静:"你就不能煮点你喜欢吃的菜吗?"

杨静却笑得很开怀:"你喜欢的,就是我喜欢的呀!"

郭厉旭讨厌这样的顺从,他喜欢在餐桌上有他爱吃的,有他不爱吃的。如今全是对他胃口的,好像生活都变得太枯燥乏味了。

杨静是个不善言辞的人,她希望自己可以通过贤惠而让他回到最初。

可是她没想到,她越是放低自己,越是做家务,得到的永远是他的冷漠。

她想推心置腹地问问他,为什么对自己有这么多不满意,该改在哪里?

于是她向书房里微微探了探头,郭厉旭的眉宇之间忧愁不断,他好像在烦一件特别麻烦的事儿,于是她想问的话也就作罢了。

探头几次,还是这样,郭厉旭皱着眉头,时不时地还挠自己的头。

这样焦躁的郭厉旭是她从没看见过的,他一定是遇到了什么难题?

杨静不知不觉地便走到了他身边,认真地看了起来。

桌上放了好几份文件,因为企业是外贸公司,经常有供应商会投过来一些投标信息,郭厉旭苦恼着其中的两家供应商,一家资历尚浅价格却非常低,另一家价格昂贵但可以有额外的开发项目……两份投标书各有千秋,郭厉旭在杨静走进来的那刻,选择了那家贵的公司,却不料在杨静后知后觉地看完了郭厉旭的选择后,特别惊讶:"咦?想当年公司只喜欢价格便宜的供应商呀,怎么现在……"

郭厉旭看了看一脸微笑的老婆,淡淡地接着说:"想当年,得多少年了!公司可不会一成不变,我们现在转型做大了,当然是哪个项目多做哪个!"

杨静支支吾吾地，不知道说什么，半天才憋出了一句："好，我都听你的。"

这句话，又一次戳进了郭厉旭的心，他不耐烦地挥手让杨静走。

其实郭厉旭非常讨厌杨静的逆来顺受，他说东，她就往东，他说马上改西，她就会立刻抛弃东的一切飞奔去西。她像个牵线木偶般存在着，这让郭厉旭看不到爱情的温馨，生活的幸福。

想着这几天郭厉旭一定为了投标项目的事烦得头晕，于是杨静特别体贴地想去郭厉旭的公司给他送份爱心午餐，她担心他为了拼搏把自己的身体搞垮了。

其实更多的原因是，郭厉旭上次说现在公司都大变样了，她很想看看变成什么样了，正好，为了给郭厉旭送饭，她顺道参观一下。

公司果真大变样了，之前和杨静一起工作过的老员工都成了管理人员。

杨静拿着饭盒，有些压力，她看见她曾经的同事都化了精致的妆容，穿着挺拔的职业装，高跟鞋闪闪发亮，而自己却面如土灰，也不知道多多精心打扮。

突然，她有些羡慕她们了。

进了郭厉旭的办公室，他抬眼一看，倒是特别惊讶："你怎么来了？"

"给你煲了你最喜欢的排骨汤，看你最近挺累的……"她将盖子打开，放在郭厉旭的鼻子边，"来，闻闻，多香！我可是熬了好久呢……"

"放着吧……我现在正忙着！"郭厉旭没有去看那锅汤长什么样，不过他也应该知道，那锅汤长来长去也就这个样，杨静"哦"了一声，便拧上了盖子,等着他下一个想吃的命令。

随后他的办公室进来了一个他的女搭档,应该是搭档吧,杨静不敢多想,因为从他们的言谈举止之间都让人觉得他们特别熟,甚至熟到了骨子里。

"郭总,我可没打扰吧?"女搭档轻敲着门,看了看杨静,又看了看郭厉旭。

"哦,没事儿,这是我爱人!"郭厉旭坦言道。

"大嫂!失敬失敬!"女搭档口吐莲花,美丽而恭维的话一套接着一套。

而后,郭厉旭就与女搭档进行无数次的高谈阔论,他们谈笑风生,他们乐趣无穷。那一刻,杨静才惊觉自己竟然一句话都插不进。

是啊,郭厉旭的世界,他工作上的烦恼、饭局上的应酬,甚至时下他最关注的话题,这些话题换作以前都应该是她的强项才对啊,为何如今她那么陌生,她对他都变得不了解了……

她曾将"为了做好郭厉旭的贤内助"为荣,给他烧最好吃的菜,给他买最好的衣服,事事以老公为主,以孩子为先,而如今,她看到眼前这个白领丽人,自信而骄傲地坐在郭厉旭的面前,和他谈论一系列的话题,在商机与事业中来回切换,游刃有余,她顿觉自己的后背起了丝丝凉意,她长时间的主妇生活,已经彻彻底底使她变成了一个局外人。

当然了,等到女搭档走后,她给他盛的汤也凉了。

"郭厉旭,我总算知道为什么你对我越来越不好了!"前脚郭厉旭的心情随着女搭档而变得开心灿烂,后脚对着杨静,他又搬出了一张冷漠的脸。

"你知道?"郭厉旭看了看她,疑惑地问。

"是,我知道!"杨静捏紧了手,第一次大声说话让她有些精神紧张,

"从前我是多么自信和叱咤风云，可如今，我变成了一个彻头彻尾的家庭主妇。可是你要知道，我做的这一切，都是为了你，现在！我想过以前的生活，虽然转变会很累，但我仍想去尝试尝试，不知道这样会不会使我们的婚姻有一点挽回……"

杨静说得卑微，可一股"不想再这么过了"的倔强从骨子里冒了出来。

杨静变了，从她所有的同事都说她不再是原来凶巴巴恶狠狠的杨主管，而是现在的温柔贤惠的郭夫人的时候，从她一次次的坚守却在郭厉旭的眼中成了笑话的时候，更是从他日渐将她视如空气的时候。

他们的关系就像是一只碎了再粘起的杯子，再轻轻一碰，马上轰然倒塌。

但是，杨静没有告诉郭厉旭她曾做过一个梦。

梦里，他们恩爱如初，她出去找了一份新的工作，工作虽不如当初的好，但是朝九晚五的上班制度、井井有条的上班环境让她重拾了信心，她知道自己喜欢做什么了，也有了她所喜欢的工作了。

在婚姻中，我们会一味对男人听命服从，我们说我们爱他，才会牺牲自己来给他我们的全部，可是女人啊，你知道吗？你给得越多，那留给自己的那份自我不就越来越少了吗？最终，这份给予会将真正的你吞没，你会错失这段感情。

或许有些人觉得，提线木偶可以被称之为温顺的一种，但是温顺这个词，可贬可褒。我们是活生生的人，我们有自己的思想，有着自己的喜好厌恶。

温顺这一词，用在性格上那叫文静。用在爱情上，那可就是牵线木偶了。

所以，在未来的日子里，你要把十分之一的时间拿来为家庭生活做贡献，

分手吧,
我会更爱我自己

这十分之一的时间里,你可以灰头土脸,你可以完全将自己的一切交付给对方。

但你记住,你还有那另外的十分之九。

在这十分之九的时间里,你必须要让自己变得优雅,变得容光焕发,变得像一个公主,你一定要先宠爱自己,让自己富有个性,这样爱你的才会更爱你。

眷尔的治愈小语：找回失去的个性

有一句话说："宁可高傲地发霉，不去卑微地恋爱。"

任何时候，女人都不能卑贱地爱，要爱得不卑不亢，要在两个人的爱情中拥有地位，让男人时常觉得爱死你，时常又觉得讨厌死你。

这样，你便拥有了独一无二的个性，你才能成为众人欣赏的女人。

一般来说，男人最大的满足就是征服女人。

女人们可千万不能让男人得逞，男人真正征服女人不是征服女人的身体，而是征服女人的心。女人，你可以死心塌地爱他，就是不能让他征服你。

上述故事里，辰光对前任的痴迷，已经让小竹马心如死灰，小竹马曾说过："我想将你脱离那场爱的风雪，可惜直到最后，你还是没能果断地跨出。"

每个人在爱里都曾经伤痕累累，也曾久治不愈，可是若是这场爱情将自己的青春、将自己仅存的一些自尊都践踏得体无完肤的话，我们何必再挣扎苦求，我们何必委曲求全，仍然幻想着别人对自己的好。

沈熙当年对傅静言那是百般呵护，他的隐形眼镜掉了，她蹲在大雪地上，使劲儿地找，可是步入了岗位，她从原先俏皮可爱的女生成长成了连职位都不愿意晋升，只想在他身后安安静静做个乖巧的贤内助。

如果一颗心到头来，随着脾气走得越来越远，随着性格淡漠得越来越渺小的时候，那么这样靠着迁就来生活的爱，又有什么意思呢？

然而，这个提线木偶的玩具，你玩过吗？××在爱里成了一个彻头彻尾的人，她爱他，所以她放纵他，娇惯他。他让她从原先的商讨变成了如今的听从。

男人一旦彻底征服你了，那离抛弃你的日子也不远了。男人有些时候要的，就是征服过程中的快乐，那么我亲爱的女人们，为何不能就让他一辈子在这个快乐的途中享受着？为什么轻易就被他抓住而投降了呢？

他有他的张良计，我有我的过桥梯。

当然，这不是说要你做个女强人，而是你要和他一样，不断地让自己成长。

个性其实是女人最好的通行证。

因为女人的容貌是天生的，即使不漂亮，也没有办法去改变。所以，为使得自己成为这个世界上的唯一，一定要活出自己的个性，活出自己的美丽。

女人应该为自己设定一个远大目标，思考一下后半生自己将以哪个工作来谋生。不要期望吃软饭，更不要有依赖思想。如果你找到自己生存于世的方式，那么至少你可以养活自己，不必待在家里，像是一个可怜的讨饭虫。

一个女人，嫁人是幸福的大事，嫁给的对方对你也是有一生的影响。

但是，女人啊，你若是有一份自己的事业，那才更是人生的大事。

你会将事业放在第一位，不会因为闹脾气或者怎么回事就胡乱放弃自己的事业。就算有一天你嫁做人妇，你也要做得不甘心成为男人的附属品。

你需要自力更生的生存能力，你需要用工作解决你的温饱问题，你需要在社会中历练，不被淘汰。要记住家庭也是社会的一部分，也许它是你暂时的休息所，但是它却并不是你一生的避风港。

你需要用自己的双手让它更坚固，这些不是别人可以代替你的。

而这种个性是一种随时都要迸发出来的力量。

女人啊，其实简单来说，你为什么非要在乎别人的评价，为什么不按照自己喜欢的方式做自己喜欢的事情，过自己想要的生活呢？

我们虽然没有出众的美貌，也不懂得化妆，甚至衣服颜色搭配也经常乱七八糟，可是我们的气质、我们的自信会比容貌更具有吸引力。

吸引男人的，虽然第一是脸蛋，第二是穿着。但前两者都是可以改造的，只有与生俱来的气质，自我的独特魅力，才成为了男人心里的宝贝。

女性魅力的持久，会让你在男人心中永远占据第一的位置。

(1) 学会昂头挺胸，自信面对

女人的自我价值就是对自我的肯定、对自我的接纳程度，所以要提升你的自我价值，就一定要学会自信。

有许多女人，虽然已年过三十，可是依然胆小、懦弱，害怕被拒绝，缺乏自信和勇气，其中一个重要的原因就是自我价值低。

我们说提高自我价值，其实就是使自己喜欢自己，而最有效的方法就是积极的心理暗示。如果你总觉得自己是个不合格的、不重要的、低下的或者无能的人，这种自卑的心理就会使你干什么都缩手缩脚，从而一事无成，成为一个失败者。

相反，你如果从心里把自己看成上帝的宠儿，处处都对自己很满意，你的言行自然就会自信而阳光。

(2) 学会每天起床，给自己一个微笑

微笑是一股清泉，是圣洁的心灵鸡汤。

你的笑，可以温暖朋友，让亲友爱你的温柔。

你的笑，可以气死对手，让敌人恨你的淡定。

我实在是想不出，有什么比微笑更让人有不笑的理由。你发现了吗，如果你大清早对着镜子自我微笑一下，那么你的一天都将不会乌云环绕。

你知道为何"蒙娜丽莎的微笑"是最美的吗？

这从字面就看出了：善笑的女人最具美感。

其实，善不善于笑，是考验女人智慧的时候。

微笑使你更美，增强了你的吸引力，给你带来更多的机会。

如果在你碰到矛盾、坎坷，你仍能保持微笑，那么你会得到更多的支持和尊重，能帮你化解面临的各种困难，让你感受到温暖而有力量，增强你前行的勇气。

因为我想，没有哪个男人会爱上一个"冷美人"……

所以女人们啊，若是想引人好评和得到爱，便不能给人以距离感，而融化距离感的最佳方式，就是微笑。记住，会笑的女人，男人才会爱。

事实上，爱情是两个人互相的成长与进步，彼此关心、爱护、照顾，以及心与心的交流。爱是需要双方共同付出的，若是一方单方面付出，既会导致爱情天平的失衡，不能算是完满的爱。

成为有个性的女人吧，让男人喜爱，为自己着迷，在婚姻中，从容自若，不被压力击垮，不为情绪左右，并且不断激发自身潜能，让无数的男人为之倾倒。

第三章

分手吧，
我学会了自我独立

远距离恋爱，和哭泣说晚安

孙玮

女主角：梦小姐

男主角：空哥

分手原因：远距离恋爱导致分手

梦小姐坐在梳妆台前哼着歌，她一早起来便开始了精心打扮，眼线、睫毛、指甲，悉数装备上阵。其实她是护士，医院有规定不可以涂指甲油的，但是为了今天的约会，她宁愿晚上浪费一个多小时的时间再清理掉指甲油也要好好地装扮自己。女为悦己者容，大概是亘古不变的至理吧。

"魔镜，魔镜，谁是这个世界上最美的小美妞？"梦小姐对着镜子春风得意。

梦小姐今年29岁了，她在微笑和哭泣的时候会看见细纹，没办法，时间给的都不可逆。

五年前，梦小姐离开了空哥和那个小镇，来到1651公里外的城市追逐人生。至此两个人开始了天各一方，望断天崖的异地生活。

"是你，我的主人……"梦小姐粗着嗓子。

"哈哈……"梦小姐被自己逗得乐不可支。

放下镜子,梦小姐换上那双和男朋友空哥一起买的情侣乔丹11代出门了。空哥喜欢穿白运动鞋的女生,梦小姐喜欢穿白运动鞋的男生,就这样白蓝配色的乔丹11代成了他们的第一双情侣鞋,走在街上闪亮闪亮的。

梦小姐跑到西站的地铁口等空哥,空哥每一次都是从这个地铁口出现在梦小姐面前。然后梦小姐会跑上去送一个大熊抱,空哥总是在这个熊抱中来判断梦小姐最近过得好不好:

"你瘦了!是不是没有好好吃饭?"空哥锁眉质问。

"嗯,不错,这次重了,小肥婆继续保持……"空哥哈哈笑得开心,拍了一下梦小姐的屁股。

梦小姐订了那家超正宗的四川火锅店,他家生意火爆,两个人有好几次都没有吃成。这次,梦小姐提前一天就订了位置,她点了空哥最爱吃的特色肥羊和鸭血,一样两份,足够空哥吃的,省得每次都要抢自己碗里的。

然后是那场《一生一世》的电影,为此她推掉了闺密菲菲,特意等空哥来了一起看。她记忆力超级好,每一次看完都会再给空哥讲一遍剧情,偶尔也会在豆瓣上发一针见血的影评,引来围观无数。

看完电影回家,梦小姐要给空哥一个惊喜,她又新学会煲一种新汤,反复试了很多次,终于小有成就,没那么难喝了,抓住一个男人的心就一定先抓住他的胃。几年来,梦小姐一直在小厨娘的道路上努力。如今在厨房叮叮当当个把小时,也能端出几道有卖相又有味道的精致小菜。

多完美的一天,就从地铁口的大熊抱开始吧,哈哈,梦小姐想着自己的小甜蜜已是喜上眉梢。

地铁口的人潮像海边的浪涛一样，一波一波从梦小姐身边涌过，空哥坐的火车已经过去了，地铁口又一波人潮已经过去，熙熙攘攘的人群中没有空哥的身影。

梦小姐没有等到空哥和他的熊抱，她只等到了一条短信：距离太远，缘分太短，我们分手吧。

梦小姐一个人坐在火锅店里，两份餐具，两份羊肉，两份鸭血。梦小姐低着头一个劲儿地往嘴里塞东西，这次没人和自己抢了。心底一眼酸楚的泉水倒灌进味蕾，酱料变咸了，甜蒜变苦了，青菜拼盘变涩了，汤料开始辣眼睛了。

"我来尝尝你的酱料。"梦小姐夹了一块羊肉放进对面的酱料蘸了蘸，放嘴里马上又吐了出来。

"难吃死了，再也不来了！"说完，梦小姐夺门而出，在火锅店外的落地窗前看了一眼那一桌的双人餐的狼藉，迅速逃离现场。

下午3点半，电影院，梦小姐坐在5号放映厅里的9排11号，身边是空荡荡的9排12号，一个人两个座位看完了《一生一世》，这次梦小姐没记住剧情，想不出一针见血的影评，她只知道当结尾那首《空白格》唱道：我想你是爱我的，我猜你也舍不得……

梦小姐看了一眼身旁的9排12号，哭得天旋地转，一直哭到下一位9排11号挽着9排12号站在她身边，他们不知所措地看着眼前哭成泪人的梦小姐。

晚上，一阵微凉的夜风穿堂而过，日历被轻轻吹起一角，日历的每一页上都画着五颜六色的框框，绿色的代表空哥计划可能会来的日子，蓝色的代表梦小姐计划可能会去空哥那里的日子。而红色的，它代表着两人真正的金风玉露一相逢，然而确是最少的。事实证明计划总是赶不上变化。无论从绿色变成红色，还是蓝色变成红色，都是那么弥足珍贵。

梦小姐挣扎着从床上坐起来，她又梦见空哥来到她的城市找她，而她却去了空哥生活的地方，一次阴差阳错的交错，相见竟总是如此艰难。梦小姐已经不知道这是第多少次从梦中哭醒了。

是该摘掉日历的时候了，以后再也不用苦等和期待了。

梦小姐不喜欢车站和病床。因为那里注定会写满离别和泪水，然而命运之母就是这样喜欢调侃世人。梦小姐是名护士，而她和空哥工作生活相隔千里之外，每一次的聚散都像最后一次。

后来梦小姐选择了去妇幼医院工作，那里迎接一个生命来到这个世界远远多于走一个生命离开。至于车站，这就是她从来不去送空哥的原因，她已经说够了"再见"。

那天，梦小姐和闺密菲菲在家切橙子的时候不小心割到了手指，鲜血抢在泪水之前涌了出来，梦小姐用嘴裹着受伤的手指去找创可贴，鲜血温热，梦小姐觉得眼眶也跟着热了。一个小时以后她用微信给空哥发了一张图片。她告诉空哥，她又发现了一种特别好吃的橙子，香甜怡人，口感超赞。图片中她是用右手拿着一瓣切好的橙子，因为她怕左手手指的伤口沾到果汁，她并没有找到创可贴，伤口只能那么晾着，任凭伤口自然风干。

发完，她忽然反应过来，现在的空哥已经不是她男朋友了，原来自己早已习惯和他去分享自己的生活乃至生命。

这时电脑里传来一首老歌："你是如此的难以忘记，浮浮沉沉的在我心里，改变自己需要多少勇气……"

第三章
分手吧，我学会了自我独立

"怎么这么苦，苦死算了。"梦小姐扔掉了手里那瓣橙子，去关音乐。

"没有啊，挺甜啊。"菲菲傻傻地又拿起一瓣塞进嘴里，吧嗒着嘴说。

橙子真的很甜，可吃到那一瓣的时候，梦小姐的嘴里竟泛起了丝丝苦涩，橙子应该也有泪点吧，它包裹在其中一粒果肉里，被梦小姐不小心弄破了。

每一次，梦小姐发去的信息，收到的都会是一个笑脸和一句再简单不过的问候：注意身体，记得吃早饭。

再后来，梦小姐在空哥的微博里看到了一个女孩子，是他的新女友，就再也不发信息给空哥了。

年底的时候，梦小姐和公司请了年假，一个人背着一个巨大的背包去了空哥的城市。在安检口，梦小姐遭遇尴尬，她带的液体已经严重超标，而且还在一大包的橙子中间夹带了管制刀具，还有一小箱火锅酱包，这些都被挡在了安检口。

没办法，梦小姐只好自己驱车一千多公里，一路风尘去了空哥的城市。空哥家楼下有一家麻辣烫夫妻店，小两口经常因为汤料和水的比例而发生争执，气得脸红的老板娘总会跳起来轻轻敲老板的头，憨厚的老板会傻笑，然后继续执拗地按照自己的比例调制汤底。

梦小姐忽然被一阵温热撞进眼眶，所谓的幸福和爱情，原来可以这么简单和随性。是自己一直把它举得太高，结果摔得也会粉碎。

梦小姐给空哥打电话，让他来楼下的麻辣烫店，当空哥迈进店门看见风尘仆仆、灰头土脸的梦小姐时，脸上写满了惊奇、不解和慌乱。

梦小姐只是笑，她笑着摆手，笑着说好久不见，他们分开了282天，相距1651公里，一切过往再一次浮现在眼前，栩栩如生，空哥红着眼眶转过了头。

梦小姐打开了巨大的背包，一样一样摆在了空哥面前。

梦小姐用餐桌上的酒精炉加热着靓汤说:"这锅汤本应该是你来那天煲给你喝的,可是……"她欲言又止然后呵呵呵地傻笑,眼泪却打着转。

"这橙子口感超好,多吃点维C,别总是熬夜,给你!"说完,将一大包香橙塞进了空哥怀里,然后又拿回一个,取出水果刀麻利地切完,递给空哥一瓣。

梦小姐自己拿起一瓣,刚咬几口,眼睛微闭,表情甚是享受地说:"怎么样?甜不甜,甜不甜?"

空哥的手有些抖,他哽咽地点着头,泪水吧嗒吧嗒地夺眶而出。

最后是那箱火锅酱包,梦小姐放到桌子上:"这个最难了,我求了好多人才弄到手的,以后不想吃饭了,就下这火锅吃,正宗四川火锅哟!"

空哥的鼻涕已经流出来,再也控制不住抽泣,呜呜地哭出了声,他的嘴里含糊不清地说着:"对不起,对不起……"

"好啦,现在我可以和你好好说再见了!"梦小姐红肿着眼,鼻头红得亮晶晶的,她长长吁出一口气,如释重负。

"你知道我真正要什么吗?"空哥擦了擦眼泪问道。

梦小姐点头,然后又摇头。

"走,我带你去看看,我们曾经的世界。"

"我们曾经的世界?"梦小姐如堕雾中。

空哥带梦小姐来到楼下的一个早点摊位,指着那里空荡荡的座位说:"我每天早上都会来这里喝一碗豆浆,吃两根油条。有时候风特别大,喝到最后会在碗底看见泥和沙土。"说完,空哥笑起来。

接着,空哥带着梦小姐坐了好远的公车,然后再倒地铁来到自己工作的地方。

整个车程需要一个半小时,空哥对梦小姐说:"我每天一个人要走那么远的路去上班,一路上只有一个人,我被偷过钱包,睡过了站,还吸过末班车的尾气追了好几条街。"

然后,空哥带梦小姐来到了山顶,他对梦小姐说:"这是这里最高的地方,可以看到很远很远,就是山顶的风太凉了。"

回去的路上,梦小姐对空哥说:"我想我知道什么是我们曾经的世界了!"

早餐摊的座位上,上下班的途中,欲穷千里的山顶上,都有过空哥对梦小姐的思念,那些时光里是属于他们的世界,可在那些世界里又是空空如也,缥缈得让人绝望。

空哥需要的是一个可以为他做早餐的家,不再饱受风餐之苦。

空哥需要的是一个可以陪他一起生活,紧紧依偎着爱人就不怕被偷,到站前也会有人叫醒你,赶不上末班车也没关系,两个人可以牵手漫步,哪怕路途遥远。

空哥需要的是一个想看就能看见,想温暖就能温暖的人,再美的望眼欲穿也不及枕边的触手可及。

"她对你好吗?"梦小姐问。

"祝你能和我一样幸福。"空哥笑了,"别让人家等太久,刹那芳华,一头扎进衣锦还乡的梦里,还不如抱着一起吃苦。"说完,空哥转身道别。

梦小姐发现,空哥的背有点驼,没初识时那样挺拔。今年梦小姐29岁,而空哥35岁。那些年,到底是谁等谁太久了呢?

都说两情若是久长时,又岂在朝朝暮暮。可是我爱你却只要朝夕相伴的庸俗情趣,就是要每个深夜都会陪在你的身边,如果真的连朝夕都难争,那么我们的爱该有多无趣……

在这个年代一千多公里不算远，一个电话只需要不到 10 秒的等待，就可以听到对方的声音。

一条短信不需要半分钟的思考，就可以送去自己的思念。

半个小时的构思，就可以精心制作一封邮件，悄悄放进对方的邮箱里作为惊喜。

但是这一切都比上一个简单的拥抱来得温暖，更比不上下班后一起牵手回家来得真实，同样比不上"我在你身边"这样一句简单的承诺更可信。

最大的惊喜终究是比不上一起蜷在沙发捧着一包爆米花看电视时，你在巧克力味道的爆米花里发现了一颗奶油口味的，然后喂到她/他的嘴里更取悦人生。

分手吧，虽然我爱你，却只能留在那时光里，而不应该在日日思君不见君的眼泪里钝刀割肉。

老去的不是我们的爱情，而是距离这道硬伤！

长江有多长，那是我的泪水顺流而下，可是流到你脚下的是咸涩。那不甜蜜，因为离得太远，甜蜜在半路就坏掉了。

其实人类有很多种方式去表达爱，语言、动作、表情，等等，而爱神在制造异地恋的时候好像故意和人类开了一个不小的玩笑。相隔两地的情侣，他们表达爱的方式不再那么丰富，但同样拥有着丰富的情感，这些情感无处安放，无人倾注，只能一次又一次倒在四下无人的夜里，和哭泣说晚安。

异地恋是距离的杀手，也是距离的宠儿。你不需要清楚地去分辨异地恋到底是毒药还是蜜糖，因为这本身就是个不成立的伪命题，你只需要知道，异地恋重要的不是结果，而是走过。

他说，不是因为不爱我

心有林夕

女主角：思纯

男主角：小 C

分手原因：无法度过激情后的平淡期

屋子里空荡而整洁，思纯正在收拾行李，大大的行李箱被塞得满满的，这全都是小 C 送她的搬家礼物，当初小 C 给她选了个最大号的箱子，豪气地说："思纯，今后你的衣食起居，大爷我全包了！"

然而，在两人订婚的第 28 天，小 C 又一次把承诺打翻，她将这些沉甸甸的记忆塞进了旅行箱愤愤离去。

28 天前，两家人办了订婚宴，宴会上人不多，但主要亲戚和双方的重要朋友都到场了，所有人都以为，他们这事终于是定了下来。

那天，有人整蛊思纯和小 C 喝交杯绿茶，小 C 为了喝交杯，铆足了劲，雄赳赳气昂昂地发誓："我这辈子只爱喝绿茶，只爱喝今天的绿茶！"

每当思纯回想这一幕时，内心深处还有些微微的触动，她希望自己对美好初见念念不忘，也不要经常记得这 28 天来承受的背叛与煎熬。

每一段感情，都有让人刻骨铭心或流连忘返的初见。思纯与小C的美好初见，总结起来简简单单就五个字：绿茶配红牛。

绿茶是思纯最爱喝的饮料，如她本人一样，思纯是一个全身透露小清新的文艺女孩，她乖巧、静谧，也很精致。

红牛是小C销售必备的饮料，小C与人打交道可是特别拿手，他本身就是一个放荡不羁爱交友的人。终于有一天，这头疯狂的牛销售产品销售到了绿茶身上，这一销一售，就来电了。

小C开展的猛烈攻势是思纯这样的小女生根本招架不住的，终于矜持了半年之后，两人的爱情修成正果。

可小C是做销售职业的，总是需要跟着一些朋友或客户流连于夜店。他生得一副好皮囊，又会玩又幽默，自然许多姑娘都往他身上贴，这不，思纯又在酒吧里看见小C与别的姑娘卿卿我我的样子，大怒道："让你陪我去旅游你没空，倒是有空在这里玩女人！快，回家！"

小C一见思纯翻脸，立马乖乖地跟着走了，他其实很爱思纯，但夜夜笙歌的生活会给他带来快感，他说他很爱思纯，只是工作压力太大，想得到释放。

这些都是在去乌镇的路上，小C对思纯推心置腹的心里话。

思纯看着讨生活不容易的小C，这去酒吧的事也就翻篇了。

可谁知同行的路上，小C遇见了三个姑娘，姑娘们是结伴自助游乌镇的。她们活泼大方，和思纯这类扭扭捏捏的小家碧玉是不能比的。

姑娘们热情邀请小C和思纯同游，因为前面的事儿，小C答应得可不那么爽快，但单纯无心机的思纯立马都点头答应了。

于是，两人游，变成了五人游。

一路上，三个姑娘活泼又搞怪，跳跃、奔跑，一刻都闲不住，三个人摆着各种搞怪的姿势，缠着小C给她们拍照，也拉着小C一起拍。

小C拗不过，于是陪她们疯了起来，但思纯只是想安安静静拍风景，拍青黑色的墙，拍湖绿色的水，拍水里造型特别的船。她一个人慢慢地走，闲情逸致，她是想来散散心的，可谁知小C轻车熟路，惹得姑娘们哈哈大笑，一转眼就没影了。思纯感到自己被忽视了，有些不开心。

天色渐晚，三个姑娘提议去酒吧玩，思纯虽然很累，但为了管住小C，也因为三个姑娘的盛情邀请，更因为想知道为何小C喜欢泡吧的原因，思纯怀着心事，两人一起随姑娘们去当地的原创酒吧。

五个人点了四瓶鸡尾酒，一瓶绿茶。

绿茶是思纯的，这是她第一次在酒吧里喝绿茶。

周边是震耳欲聋的乐曲声，DJ划着音乐，台上的舞跳得热情。

嘈杂的环境，让思纯有些受不了，她拽了拽小C的手示意走。可三个女孩其中一个长卷发女孩拉着小C，还在他耳边大喊："咱们玩个游戏吧！"

她青黛色的眉骄傲上扬，灯光下闪耀着她又长又翘的紫色睫毛。三个姑娘们在小C为思纯点绿茶的空当里，瞬间变装，性感妖娆，妩媚不已。

这让小C瞪大了眼睛，而思纯更是觉得格格不入了。

"咱们锤头剪刀布，输了喝酒，不喝就上台热舞！"小C没理思纯又一次想走的求救，反而看着卷发姑娘把桌上的鸡尾酒一饮而尽，招呼服务员上一箱啤酒。

"好酒量！一抵三吗？干了！"说完，小C把剩下的鸡尾酒喝了个底朝天。

三女一男开始了疯狂的拼酒游戏。思纯怕小C喝多，便劝他适可而止。小C有些醉了，他扯开思纯拉住他的手，对着姑娘们大喊："跳舞去！"

气氛变得更加火热，思纯越发觉得受不了这里，她不爱这些酒精和荷尔蒙。

不是说好的一起旅游，一起散心吗？思纯看着在台上跳得特别欢的小C，他还伸手去搂女孩子的小蛮腰，她气得跳脚，觉得自己简直是疯了，竟然亲眼看着他和另一个女孩的疯狂游戏。

思纯冲到台上，一把拉下疯狂的小C："小C，你走不走?!"

"不走！"小C喝醉了，他的脸通红，"思纯，和你过太乏味了！你应该和这些小姐妹一样啊，陪我跳舞！"

思纯"哼"了一声，哭着跑了出去，她没想到小C会这么对自己。这个晚上，两人不欢而散。

第二天，小C酒醒，思纯便吵着分手，吵着回家。小C千哄万哄才哄住了闹分手的思纯，他说他喝多了，保证没有下一次。

可是思纯听过一句老话，酒后才能吐真言。那么小C说的，和自己过日子，就真的这么乏味吗？

行程匆匆结束了，两个人又回复到了原先的工作轨道。可思纯却总是觉得浑身不舒服，也不知道是因为自己被酒吧的噪声吵得心有余悸，还是因为在意小C的花花肠子。她没有胃口，头很疼，而且脾气很差。

小C依旧做销售，隔三岔五地出去应酬，思纯从原来的等他回家，渐渐变为如今的早早入睡，她不知道自己怎么了，总是特别嗜睡。

终于，在公司进行年度体检时，思纯被检查出怀孕了。

她特别激动，但也有些恐慌，一切来得太惊喜、太突然。她想着肚子里的孩子，想着不知道生出来到底是男孩还是女孩，母爱的感觉瞬间溢于言表。

于是回到家，她一下子也没停过，扮演起了家庭女主人的角色，她做好了菜，打扫好了房间，为的就是想告诉小C这个激动人心的消息，然后希望小C和她一样开心。

果真，一脸疲倦的小C回来后听到这个消息，立刻容光焕发，高兴地一边流着泪，一边狠狠地亲着思纯的肚子，声称要速速订婚。

也就是这样，两家人撞在了一起，办了订婚宴，那天，红红火火，热热闹闹，小C喝着绿茶对天大叫，溢于言表："我这辈子只爱喝绿茶，只爱喝今天的绿茶！"

罢了，他拥吻了思纯，在她耳边耳语。

他说他要好好照顾思纯，做一个尽责的好丈夫和好爸爸。

之后的一段时间，小C对思纯倍加呵护，下班后他会推掉应酬早早回家，经常会给思纯捎回她最爱吃的绿茶味的溜溜梅，还给思纯买舒适的平底鞋。那段时间，思纯感到无限幸福，她完全沉浸在做妻子和妈妈的幸福里。

然而，这种美好感觉是短暂的，爱奔跑的野马是留恋草原的。

小C一回得比平常晚，思纯就能在他的身上闻出酒味和不安。孕期的女人特别敏感和多疑，思纯也是一样。

她的脑子里一幕幕的，全是小C在乌镇追着小姑娘喝酒的样子。

这不，小C生日，她为了给他惊喜，故意没有提醒他。

思纯特意向公司请了假，提前两小时回了家，去市场买菜，去超市买红酒，她想在小C下班后，给他一场丰富又惊喜的盛宴。

"喂，亲爱的，你到哪儿了？回家有惊喜哦！"思纯激动地说。

"一会儿就回来。我先挂了……"小C挂得匆匆了事，思纯听得难受不已。

从小C语气里，思纯可一点儿没有得到想要的满足，她隐隐觉得有些不安。

其实，小C回家的时间基本在7点10分，思纯看了看挂钟，嗯，现在是晚上6点50分，不出意外的话，小C还有二十分钟就该到家了。

可是，小C说的一会儿就回来，这一会儿到底有多久，从7点到9点算不算？

九点半左右，小C拖着疲惫的身体回了家，却发现思纯正坐在桌边独自喝着红酒。

"思纯，你疯了吗?！你不能喝酒啊！"他一把夺走思纯的酒杯，玻璃高脚杯差点摔在地上。

"我为什么不能喝？那你天天往酒吧跑，喝得醉醺醺，你为什么能喝？"

"嘘……宝贝别闹了，我真在工作呢！"小C想哄哄她。

"工作？工作至于喝得醉醺醺的吗？"思纯冷哼了几声，几滴冷泪落进面前冰冷的陶瓷碗，"那么晚才回来，知道我等你多久了吗？"

思纯原本打算今天好好和小C说说她心里的话，自从有孩子以来，她的脾气比以前暴躁，比之前更需要人陪，而小C却顾及不到她，他一点儿也不知道，孕妇想找人倾诉，那就得说出来，不然积久成疾，对胎儿不好。

可小C却每天喝得烂醉，浑身带着满身酒味。他说他是在工作！

工不工作，思纯才不想知道，她只知道，自己恨透了这灯红酒绿的气味。

但是，尽管她不想知道小C是不是工作，但是她也宁愿相信小C是去工作，也好过现在在给小C脱衣服的时候，看见小C脖颈里深深的吻痕。

思纯气急败坏,她希望小C多解释一下,哪怕就像以前那样,一句安慰,一个拥抱,一句"相信我,我爱你",她就可以耐心下来,听他说完他想说的话。

然而这次,在思纯爆发后,小C什么都不说,给了思纯无尽的恐慌。

"小C,你说话!"思纯看了看沉默不语的小C,有些心烦意乱。

"你有孕,脾气会暴躁,性格会敏感,所以我不告诉你……"小C说话的力道微微加强,"我不是出轨,我还是很爱你……"

"爱我?"思纯指着小C的吻痕,"爱我,你就这么对我?"

"我爱你,出轨是因为别人诱惑,是我耐不住寂寞……"

"够了!"思纯皱起眉头,不停地喘气,"我给你爱的权利,并不是用它来伤害我的,小C,这次,我要离开你!"

她最终还是选择了个最大号的箱子,带着她沉甸甸的回忆,踏出了门。

所有的爱情都要经历被追求的那段日子。

都说被追求的那段日子,是女孩最幸福的时光。

看着男孩对自己百依百顺,各种讨好。女孩高贵得像是公主,满身闪闪发光。后来,我们从众人爱慕的公主变成只属于一个人的皇后。

在热恋期,我们对对方充满好奇,对方的点滴都对我们有着不可言说的吸引力。然而,时间久了,两个人渐渐熟悉,熟悉到了解彼此身体的每一块印记,听得出对方每一声脚步,我们再也不想去猜测下一秒会有什么惊喜了。

最后我们就清楚知道他的一切,清楚到闭上眼能准确找到他的毛孔位置。

可是爱情终究是要归于平淡的,柴米油盐酱醋茶,这才是真实的生活,纸醉金迷,夜夜笙歌的寂寞,让你沉醉,当看不清楚生活原有的面貌时,你会因

分手吧，
我会更爱我自己

为受不了生活的平淡而结束一段感情，只是你忘了，每一段感情它都曾经像洪水猛兽般激烈过，你也曾经对你爱的人覆水难收。

然而没有惊喜的爱情是缺乏热情的，缺乏热情的爱情是索然无味的，时不时地为生活添加一些不同的色彩，让它有所起伏，不至于太过枯燥，才是保鲜爱情的最佳方式。十年，二十年，年年受用。

·

我来到这个世界不是为了成为他的孤独祭品

傅佳洁

女主角：许佳辰

男主角：舒寒

分手理由：把爱情当成抵抗孤独的方式

许佳辰推开了"<74度咖啡馆"的玻璃门，舒寒没有来，他习惯性迟到。许佳辰找个座位坐下，没有点咖啡，只要了两杯清水。今晚，她不需要亢奋的情绪，不需要时间缓慢流淌的心情，只要速战速决。

她想起刚来到这座城市，为了在城市里能够生根，活在这片土壤里的场景。

那时下班后她就去地下通道里练摊，她给手机贴膜，成了通道贴膜小妹。紧挨着她是个男生，他叫舒寒，他在地下通道里唱歌。她喜欢他的声音，就像听见了乡音一样亲切，后来许佳辰反应过来了，他长得有点像外婆相册里外公年轻时候的模样，难怪感到亲切。

外婆说过，找男人就要找外公这样的，少言寡语，内向，但是人踏实。守了外婆一辈子，临走前还拉着外婆的手，一直放不开。

舒寒总是酷酷的，和名字挺像，冷到可以冻死企鹅，每次都是静静地来，冷冷地走。有几次许佳辰都想打招呼，可都没成功。

"小哥，这发卡是你掉的吗？"许佳辰指着地上的发卡问正准备收拾东西走人的舒寒。

舒寒抬头看了一眼许佳辰，马上把头转过去，摆摆手，走了。

"哎，帅哥，这读卡器是你掉的吗？"许佳辰惊奇地看着地上的读卡器。

舒寒弯着腰正在收拾吉他，一抬眼，瞬间低下头，摆摆手，起身又走了。

"你说我有那么难看吗？都说女追男隔层纱，是隔一层金刚砂吗？老娘怒了！"许佳辰回出租房后，和闺密兼室友的赵筱大吐苦水。

"也难怪，你看你扔的那几样东西，发卡？读卡器？能不能用点难以抗拒的诱惑？！"赵筱一边敷着面膜，一边沾沾自喜地看着自己新做的指甲。

"行！明天我把自己扔地上问他！"许佳辰一点头，一跺脚。

结果第二天，佳辰鼓足勇气刚喊出半声的"哎"，舒寒就瞬间把头侧向一边，抬起一只手挡在面前，先声夺人："不是！"转身走了。

"你看吧，隔层纱，隔屁啊，童话里都是骗人的！"她将头转向赵筱。

"嚯！"赵筱也瞬间侧过头。

佳辰欲哭无泪："Why？Baby！"

"姐，下回搭讪记得把你头顶那五百多瓦的探照灯关了，好吗？帅哥怎么没被你晃瞎呢，真算是奇迹。"赵筱一只手捂着眼睛，用另一只手点着佳辰头顶顶着的那款贴膜利器——高聚光氙气大灯！

佳辰用头狂撞工作台，心情可想而知。

"哎！智商真是硬伤啊！"赵筱在一旁无尽感慨。

日子像喝多了酒的铁拐李，磕磕绊绊倒也自得其乐，佳辰决定缓一缓搭讪的步伐，自己站稳脚再说。

一天，城管清场，舒寒撒腿就跑，他躲进了公园的假山后面，喘息时他才发现吉他弦跑断了四根，再找根棍就能当二胡用了。拾音器也跑丢了，音箱外放也在仓皇中撞瘪了，舒寒坐在那儿哭，哭着哭着发现公园好空旷，哭声竟然有回音。

他站起身，看见面前站着一个女生，梳着齐耳的短发，大眼睛水汪汪的。

"你哭什么？"舒寒齉着鼻子问。

"我本来想帮你把地上的钱收起来，结果都被踢翻了。"许佳辰红着眼睛，一直在抽泣。

"看来这段时间都没法去唱歌了。"舒寒已经不哭了，他看着撞瘪的音箱。

哇……

许佳辰哭得更大声了，手指红肿，那是在准备收拾钱时被人在地上踩的。

"你没事吧？"舒寒看着许佳辰红肿的手问。

"有！那我以后去哪儿听《何必要在一起》啊？"许佳辰已经泣不成声。

许佳辰这么一说，舒寒反倒笑了，他用手指一边抹掉许佳辰的眼泪，一边问："我唱得好听？"

"超正！"许佳辰猛地抬起头说。

"那你以后别拿大灯晃我了好吗？"

这时，鼻涕在她鼻孔瞬间鼓出了一个巨大的泡泡，然后碎了，舒寒下意识地向后一闪："哇哦——好大的泡泡！"说话间悄悄地已经将外套披在了许佳辰有点哆嗦的肩膀上。

瞬间暖化了！

没想到那么酷的舒寒会有暖男特效,只是这样的特效少之又少,更像是放大招,冷却时间简直可以按世纪为基本计算单位。

相处三年,佳辰和舒寒只看过一场电影,一场乏味的动作片,那部电影佳辰已经想不起它的名字,档期在除夕夜里,只安排一场,整部电影表演浮夸,故事情节生硬,两个人之所以看就是为了等待电影落幕时,职员表里找到配乐人员的名单。

"快看,快看,我们工作室。"舒寒兴奋地抖着佳辰的手。

疲倦的佳辰,艰难地睁开惺忪睡眼,舒寒的名字疾驰而过,短短不到2秒钟,她甚至都没看到,但她依旧击节叫好,舒寒高兴,她就无忧。

电影散场,万家灯火,鞭炮齐鸣,震耳欲聋。佳辰挽着舒寒的手臂走在路上,春节料峭的寒风就没那么刺骨了。

"以后一定去欧洲,做最好的音乐,吃最好的西餐,喝来自波尔多的红酒,躺在薰衣草花海里寻找到最亮的一颗星,用我的名字命名。"一说起这个舒寒总是意气风发,眼神中闪烁着奇异的光芒。

"你呢?"舒寒问。

佳辰紧紧挽住舒寒说:"我要和你在一起,见我外婆。"

"见外婆,你可真逗。"舒寒笑着摇头。

"对了,你电话怎么摔成这样的?"舒寒指着许佳辰手里摔碎屏的电话问。

"没事,就是一不小心掉地上了,啪!可响了。"许佳辰还故意学了一下当时电话掉地上时的情景。

那晚上,许佳辰一条群发的新春短信都没收到,电话摔坏了,特别安静。

当然她也发不出祝福,秀不了恩爱。

那晚家里人都急疯了,特别是外婆。

这是两个人唯一的一次观影经历，许佳辰觉得很甜蜜，尽管这种甜蜜是用和外婆因为过年不回家的激烈争吵换来的。而佳辰也没有告诉舒寒真相，电话不是不小心摔坏的，而是在顶撞外婆的时候，一时激动用力地将电话摔在了墙上，才变成这样的。

舒寒的工作室刚起步，冷清且萧条，那段时间，舒寒百无聊赖，活得苍白，正在经历人生的霜冻。

"佳辰来陪我好不好，我快无聊死了。"舒寒一个电话打过去。

"嗯，好呀。"许佳辰当时正面试一家很适合自己的公司，队伍排到一半就跑了。

"叮咚，佳辰救护车拍马赶到，立即实施抢救。"佳辰满头大汗，工作室在11楼，佳辰一口气跑上来，"舒寒及时抢救成功……"

"来来来，快来，佳辰，我新做的Demo，来听呀。"舒寒的东西没人听，像一块被忽视的原石，被世界冷漠和孤独着，可佳辰觉得稀罕，特别爱听。

甚至有次佳辰正和赵筱吃芒果粥，舒寒一个电话，佳辰立马乐颠颠地转身就走，勺子扔在芒果粥里，溅在了赵筱新买的白色T恤上。

"佳辰，我觉得我就是一条已经缺氧的金鱼，这么困下去，死路一条。"工作室做不下去了，舒寒跌进了谷底。

"来啦，氧气少女来喽！"佳辰比快递小哥还快，分分钟化身安慰女神。

后来经过佳辰的耐心疏导，出谋划策，舒寒工作室终于走向正轨，有了志同道合的同事，有了相谈甚欢的朋友，而佳辰这个名字渐渐成了一颗糖果，它被放进了背包右侧的口袋，只是会在困倦时偶尔想起的惊喜。

其实佳辰一个人挨过很多事儿,一个人去吃饭里面全是咸盐的苦涩,一个人去看电影里面全是悲伤的身影,一个人去打吊瓶里面全是疼痛。

但恰恰这些事儿,舒寒从来都要把佳辰拉到身边来。

慢慢地,佳辰迷茫了,她发现自己活成了舒寒驱散寂寞的廉价香水,成了他抵抗孤独的芭蕉扇,当孤独被吹去十万八千里的时候,芭蕉扇就会被丢到一边;当卷土重来的时候,他才会从遗忘的角落翻出她,然后再接着扇走孤独。

那个角落里阳光极少,布满灰尘。

佳辰已经好久没有接到舒寒的电话了,去工作室找他,他总是把她按在沙发上,让她翻一下午的杂志,她现在依旧是氧气少女,透明到失去存在感。

到了晚上本以为舒寒会陪她,可是结果总是那句:"你自己先回,我这儿还有一堆朋友,我总不能重色轻友,你说是不?"

重色轻友?听着多义薄云天!

也许这个时候,他正和一大群志趣相投的男女谈笑在啤酒花园的晚餐里,也许一会儿还会即兴高歌,佳辰嘴角抽搐,刚转过街角就蹲在了马路边上,像个迷路的小姑娘,她找不到自己在爱情里的位置,眼泪里全是咸味。

佳辰的思绪拉回到了"<74度咖啡店"里,她的眼角泛着湿润,一路走来她爱得累,走得酸,嘴里泛着苦,活成了一件抵抗孤独的爱情纪念品。

半个小时后,舒寒终于出现了。

"什么事?不能在电话里说吗?我这儿太忙了,你得体谅啊。"舒寒一脸焦躁地坐下,手里不停摆弄着电话。

"好,长话短说。"

"嗯，最好！"舒寒喝了一口清水，直直地看着她。

"我们分手吧。"许佳辰很平静。

舒寒一口水险些喷在桌子上，他觉得很意外："开什么玩笑?!"

"没开玩笑，其实你并不爱我。"

"我爱你啊，我一生最怕失去你。"舒寒试图去拉佳辰的手。

许佳辰躲开了，这是她觉得从认识舒寒以来笑得最难看的一次，她摇头："不，你更怕孤独。"

转身佳辰就走了，她推开玻璃门和空气迎面相遇，顿觉格外清新。

"＜74度咖啡馆"的巨大招牌，这是个多好的名字，两个人的拥抱总要大于74度才对，一个人就算高烧成呆瓜也就40度呗，全世界的人都离不开孤独，但每个人的孤独都靠着自己在消化，舒寒不是这样，那么她就要离开他。

许佳辰看着手机里出现的这首歌，这首陪伴了她每日每夜孤独的歌……

夜，夜的那么美丽

有人欢笑 有人却在哭泣

尘封的记忆

残留着邂逅的美丽

辗转反侧的我失眠在夜里

你，你带走的呼吸

吻不到你 那感觉多委屈

分岔的爱情

让眼泪隔出银河的距离

何必要在一起，让我爱上你

……

许佳辰突然想了那年舒寒除夕夜电影散场后两个人的对白。

如果在一起她不去欧洲，更愿意在这座城市里；

如果在一起她想两个人一人一道家常菜；

如果在一起她不喝波尔多红酒，而是牵着手去超市和大妈们抢打折的果汁；

如果在一起她不要躺在薰衣草花海里找星星，而是更愿意很多年后两个人躺在天台上让他贴在自己的肚子上，听宝宝的心跳，给她们唱一首叫《陪伴》的歌。

佳辰在淘宝上订了一个时间囊，她将厚厚一沓信封放进时间囊里，她要找个地方好好安葬它们，很多年过去后，她会告诉她的孩子们，那里埋着一段往事，藏着一些秘密。

第一封信是情书，她写在地下通道的岁月里，她要向一个男孩表白，他酷酷地背着吉他，会唱 beyond，会唱《何必要在一起》，她要告诉她的外婆，这个男人像外公，不苟言笑、内向，觉得很踏实。可后来他们没有在一起。

第二封信是家书，她要写给外婆，那年春节她没回家，还和外婆因为这事吵起来了，电话没讲完她就摔掉了，她想告诉外婆，摔完电话她就后悔了，她想把那个像外公的男孩带回去，让外婆把关，告诉外婆是为了陪他才不回家过年的，请她原谅小两口。可后来他们没有在一起。

第三封信是写给闺密的，谢谢这些年至少还有她，她答应过要做个漂亮的新娘，拥有无数种婚礼其中的一种。可后来他们没有在一起。

好多好多信,沉甸甸的,时间囊都封不上了,最后一封信露出了一个白白的边角,那是一封离别寄语,她写给舒寒的。

她要告诉他,爱上他没有后悔过,只是她不想再做他的孤独抗体。

她要去寻找能够温暖她的人,即使他平庸到埋在人海里默默无闻,即使他虚弱到身体颤抖,只要他牵着她的手,对她说:"你是我的全世界。"

她想,他们终究在面对爱情和爱人面前是不同的。

如今,两人各自安好,各自天涯,冷暖自知。

这个世界上没有一个人是为另一个人存在的,当你忽然有一天站在街口,哭得惊涛骇浪,天崩地裂,可终究等不来他出现在你面前,那么不要犹豫,分手吧!他给不了你半张纸巾,那么他怎么会给你一辈子幸福?

这个世界上,谁也没必要去为谁的孤独埋单,如果你我相遇,你总是在孤独彷徨时才会想起我,那么爱情就成了孤独的祭品,失去了它本身最美的意义。

眷尔的治愈小语：战胜孤独的自我

刘瑜在《一个人像一支队伍》中说："年少的时候，我觉得孤单是很酷的一件事；长大以后，我觉得孤单是很凄凉的一件事；现在，我觉得孤单不是一件事。有时候，人所需要的是真正的绝望。真正的绝望跟痛苦、悲伤、惨痛都没有什么关系，真正的绝望让人心平气和。你意识到你不能依靠别的任何人得到快乐、充实、救赎。那么，你面对自己，把这种意识贯彻到一言一行当中。"

每个人都可能有孤独的时候，但并非人人都能战胜自己的孤独感。

故事里我们看到，梦小姐驱车一千多公里，只为给空哥一锅加热的汤，一包口感超好的橙子，一包托了好久的人才能买来的正宗四川火锅酱料，这一切的一切，都是异地恋带来的，空哥说，我要的只是一个简简单单的生活，一个早上起来可以见到太阳和你的生活，而不是现在天天过着孤独的日子，因为异地恋而饱受相思之苦的难过。尽管我还是很爱你，但梦一旦醒了，我们就该分离。

思纯和小 C 的感情看上去显得云淡风轻，但其实一步一个脚印。有多少人能找到属于自己的绿茶饮料？你可以多喝好多款绿茶饮料，相比后挑选了你最爱的那款，可是你能保证，等到其他新品上市后你难道不会选择去喝一口？

激情后有无数的平淡期，那么孕期自然也是，孕期的男人孤独无助，那么一旦男人无助孤独起来，女人也会由衷地进行猜测、怀疑、失控，从而自己也进入了孤独的空间里。每个人都有一种孤独，有些孤独是情感的挥发，有些孤独是肉体的宣泄，就像思纯对小 C 说的："我给你爱的权利，并不是用它来伤害我的！"

那么，孤独，更加不是伤害人的武器。

许佳辰与舒寒的感情就像是冬日里的一种需要，在孤独时想到对方的一种需要，这样的孤独就像是一杯浓烈苦涩的老酒，它张开无形的网，将你寂寞的心灵备受煎熬，这个世界上太多的人在饱受这种煎熬。如果你深知自己与许佳辰一样，千万记得放弃对方，因为你得认清的是：对方只在他孤独的时候才想你的半点分毫，那么他根本一点儿也不在意你，更别说你的心情、你的动态，他甚至在他有成就的时候，会把你忘得一干二净，你是谁？当在他面前提起的时候，只有类似"哦""我知道她"这样的回答，爱情若是成了排解孤独的一种方式，那么爱离悲哀也就近在咫尺了。

(1) 养只小宠物，打发你的孤独生活

现在越来越多的人都在养宠物，宠物是最好的家庭伴侣，帮我们驱走孤独，给我们带来快乐，让我们忘掉烦恼。

当男人在遥远的地方，你触摸不到，你也无法时时刻刻知道男人在做什么，你就会觉得很没安全感，很孤独。你甚至会因为自己的日益孤独而去外面滥情寻找，发泄孤独。这种孤独的宣泄方式太偏激了。

事实证明，养只宠物有益于女人们因为异地恋，因为男人的长久出差而堕入孤单圈子里，就不会做出一些滥情的事儿了。

宠物的直觉非常灵敏，当女人们感觉低落时，宠物便会来"安抚"你，"陪伴"你，不让你独自伤心，它会在你心里代替男人的位置，让你哭泣的时候抱抱它，开心的时候陪它一起疯耍。

但宠物不应招之即来，挥之即去的。不是有这样一句话：我的世界很大，有太多太多的人，但它的世界很小，只有我一个人。

女人们啊，如果在你失落孤独的时候，是它陪伴你度过了无数个春秋，那么当你迎来了自己的爱人，你的盼望有结果的那刻，它一定会难过你有了别人不单单只有它了，所以你更要加倍对它好。

(2) 学会烧菜，自主当家

孤独的时候，为何不自己亲自下厨烧一桌子菜犒劳一下自己呢？这是打发孤独的一种方式，也是锻炼你下厨的功力！

再说了，女人若是想得深远一点，若是日后你怀上了自己的宝宝，女人的头等改变就是要学会烧东西吃，于是那个时候忙手忙脚地学已经有些力不从心，而不如用你孤独的时间，为你的下一代，为你日后更好的生活，奠定扎实的基础。

孤独，并不是说独自生活，也不意味着就是独来独往。

一个人独处，可能并不感到孤独；而置身于集体之间，未必就没有孤独感产生。但孤独的颜色是灰色的，它出现的时候总是伴随着令人害怕的东西。

不过，纵然它会出现，我们也必须学会如何去面对它，如何去战胜它。

我们在孤单的时候，总想着有人会来主动安慰我，恋人分隔两地也相互思念着，夫妻在婚姻中也有可能互相孤独。我们表面看上去，过得精彩万分，每个人都是戏里的主角，但夜深人静，孤独蚀骨。

孤独会让人抑郁，孤独会让人迷失，亲爱的女人们，将孤独化为力量，不要因为孤独而纵情然后彼此伤害对方。你要对对方信任，对对方说OK，你去工作，我在这里，做更好的自己。

只要你能够勇敢面对孤独，就能让自己变得快乐。

第四章

分手吧，我才没有一文不值

婚姻是女人的归宿还是女人的坟墓

吃肉惹

女主角：苏苹

男主角：方炀

分手原因：对婚姻观的认知不同

这个时候，苏苹只想赶紧找个地缝钻进去。

周围依然是觥筹交错的喧哗声，苏苹在心里暗自总结道：这个世界上，原来除了前任的婚礼不能去以外，还有一种聚会也不能去，那就是万恶的老同学聚会。

它会让你在各种攀比和炫耀中，深深地反省自己当下的生活状态，或者薪水太低，或者职位不高，再或者——还没嫁个好男人。

她微微地抬起头，看见对面的沈露云正眉飞色舞地说道："周昊跟我求婚呢！说这辈子都要照顾我呢！"说完，还不忘在众人面前秀一下她的钻戒，脸上露出十分得意的表情。

"是呀，我老公跟我求婚时，我也感动得一塌糊涂，当下就觉得，女人这一辈子，就是在等这一天吧。"旁边已经结婚两年的陈婷也附和道。

再然后，一大桌人的兴致都高涨起来，纷纷开始炫耀自己的老公有多贴心多爱自己，除了苏苹。

对于同样已经快要 30 岁的苏苹，此刻坐在她们中间，实在有些太突兀了。原因是显而易见的，她还没能同她的老同学们一样，成功把自己给嫁出去。

她假装低头玩手机，故意装作毫不在意的样子，可心头却一直有个声音在呐喊："你们聊你们的，千万不要扯到我！拜托，千万不要！"

"苏苹，你和方炀也在一起好多年了，准备什么时候结婚呀？"沈露云问出口后，所有的焦点和话题立刻转移到了苏苹身上。

苏苹强颜欢笑，故作轻松地说道："我觉得两个人分开过挺好的，暂时还没有结婚的打算。"

"哎呀，苏苹，女人到了 30 岁，就不能再像二十几岁的时候一样啦，还是有个家庭比较有归属感。"沈露云进而说道。

苏苹怎么不知道这个道理，她多想和方炀结婚啊，自己都已经 30 岁了，不再是可以肆意折腾的年纪了⋯⋯

她尴尬地傻笑着，自顾地端起桌上的酒杯喝了起来。

老同学聚会就在这种微妙的气氛中结束了，苏苹心里很不是滋味，早知道这样，她一开始就不应该来。

从饭店出来是深夜了，冬日的风有些萧瑟荒凉，街道两旁是昏黄的路灯，衬得自己越发落寞和孤单。

两个小时前，方炀就说开车过来接她，此刻，她百无聊赖地站在路边，望着方炀过来的方向。

她和方炀在一起五年了，不长也不短，却是恰好可以去考虑下一步打算的时间段。她不是没有跟方炀提过，但每次都被方炀以各种理由搪塞过去，对于方炀这样的男人来说，婚姻就等于束缚，而他需要的是完全的自由。

第一次和方炀见面的时候，是五年前的一个夏天，苏苹收到了妹妹苏果发来的短信：我在后海酒吧，喝醉了，过来接我。

苏苹当下就想把苏果教训一顿，能不能爱惜下自己的身体呀，怎么总是喝醉。虽然心头生气，但她还是心疼妹妹的，立刻就用最快的速度穿戴好了衣服，急匆匆地就赶去了苏果所在的地方。

到达那个酒吧的时候，苏果正瘫坐在沙发上，全身的酒气。她的周围，还有一大群形形色色的年轻男女，炫彩的灯光下，苏苹看不清他们的表情。

"苏果的姐姐？"一个干净有力的男声在耳边响起。

苏苹循着这个声音望过去，便看见了方炀。他笔直挺立地站在她面前，带着浅浅的笑意，轮廓分明的脸上是一对深邃明亮的眼睛，他身穿简单的灰色T恤，卡其色棉麻长裤，双手交叉环抱在胸前，一副饶有兴趣的表情。

"你好，我就是苏果的姐姐苏苹。"她礼貌地向他问好。

"名字真有意思，苹果的苹吗？"他凑到她面前，微笑地注视着她。

"嗯。"苏苹点了点头，然后又抬起头静静地看着他，在喧闹闪烁的酒吧里看着他，他微笑的样子叫她心生温暖，就像黑夜里前方一盏明晃的灯光。

相信一见钟情吗？刹那间，两个人迸发出的电光火石，让苏苹明白了恋爱的感觉。或许就因为他温暖的笑容、干净的衣着、俊朗的眉宇，或许就因为他低沉的声音，带着饶有兴趣的味道，问她：名字真有意思，是苹果的苹吗？

后来，苏苹才从苏果的口中得知，方炀是他们公司的老总，年纪轻轻就颇有作为，那次在酒吧喝酒也是因为公司的聚会。

苏果还告诉苏苹，方炀是有名的情场老手，天天和各种姑娘约会，他多金又帅气，身边从来不缺女人。

"姐，你可千万别跟方炀走得太近，听好多同事说，他是不婚族，恋爱才是他人生永恒的主题。"苏果告诫苏苹。

苏苹哪敢多想，纵使自己心中已经种下爱的种子，但因为苏果的告诫，她也不敢将这份心情说出来。反倒是方炀，自从那次在酒吧和苏苹见面后，他就开始对苏苹发动猛烈的追求攻势，鲜花、珠宝、华服、豪车，往常追女生的手段一个都不少。

但对于苏苹来说，她要的不仅仅是这些糖衣炮弹，她要的，是真正来自方炀的真心和爱，只对她，只属于她的真心和爱。所以，尽管方炀不停地追求，她仍然没有答应和他交往。

可是记忆中，苏苹永远无法忘记那天，大雨滂沱的夜晚。

苏苹窝在家里看日剧，她突然很想吃鼓楼一家甜品店的奶油红豆冰沙，可是外边的雨太大，她无奈地拿出手机发微博：

好想吃鼓楼蜜田家的奶油红豆冰沙呀，要加很多很多奶油和红豆的那种，可惜雨太大，哭……

不知过了多久，方炀的电话打了过来。

她听见方炀在那头说道："我在你家楼下，还有你想吃的奶油红豆冰沙。"

那一瞬间，她有些不敢相信自己的耳朵，她冲到窗前，看见方炀站在大雨中，双手护住手中的甜品，正微笑着看着她。

苏苹的心中像是有汹涌的海浪奔腾过来，一直以来筑起的围墙也在瞬间崩塌，她拿上伞用最快的速度下楼，然后大声地问他："你会一直对我好吗？"

第四章
分手吧，我才没有一文不值

方炀走过来温柔地抱住她，略带磁性的嗓音在她耳边回答："我会的，宝贝。"

她幸福地哭了出来，同样用力地抱住面前的方炀，在淅沥的雨中，他们终于深情地吻住彼此。

"以后我就是你的终结者，其他姑娘全都闪一边去。"这是他们在一起后，苏苹对方炀说的骄傲的话。

远远地，苏苹就看见方炀的车开了过来。

她走过去拥抱他，方炀笑着对她说道："你等多久了？"

"没等多久。"望着眼前这个俊俏的男人，苏苹又想起了沈露云的话，"方炀，我有些话要说。"

"什么事？你不要用这么严肃的表情好吧？"方炀一脸狐疑。

"我们在一起也有五年了吧，"苏苹的声音有些颤抖，"是不是应该考虑接下来的发展了呢？"

方炀半倚在车头，淡淡地笑："苏苹，你过得不快乐吗？"

"我快乐啊，和你在一起每一天我都很快乐啊！"苏苹说道。

"快乐不就够了吗？"方炀有些心不在焉。

"方炀，我已经30岁了。以前我不常提是因为我觉得我们都还年轻，可现在不同了……"苏苹看着面前的男人不温不火的样子，她的怒气微微冒了出来。

"结婚了就有区别了吗？苏苹，你怎么和那些庸俗的女人一样？！"方炀微微起了怒火，让苏苹很是生气。

"方炀，你不要高看我，我是个普通的女人，陪你疯陪你游戏人间后也需要一份平凡的安定！"她甩开他的手吼道，"你说我庸俗？难不成想结婚就庸俗了？"

"你不要无理取闹好不好！"方炀显得不耐烦，他的脸也在暗黑的夜色中变得严峻起来，"苏苹，我喜欢你，喜欢的只是你，结婚是件很麻烦的事情不是吗？长辈之间的磨合、家庭的琐碎，我都不愿意去烦心，爱情不就是我们两个人的事情而已吗？以后这样的话题不要再提起了。"

苏苹的泪如洪水般从她的眼眶里喷涌出来，面前的方炀看起来冷漠而疏离。

不是这样的，根本不是这样的，真正的爱情并不是只顾两个人放纵地玩乐，真正的爱情是责任，是归属，是执子之手、与子偕老的勇气与坚定。

她望着他遥远的面孔，沉默很久才无力地说道："我们都冷静一下吧，方炀，让我下车。"

回到家，苏果正趴在沙发上看《行尸走肉》，见到苏苹的脸色不太好，便关心地问："姐，怎么了？你是不是和方炀吵架了？"

"苏果，他说他爱我，但为什么就不愿意娶我呢？难道要我一辈子都跟他这样耗下去吗？我做不到，我真的做不到啊。"苏苹难过地掉下了泪。

苏果一脸心疼地听着姐姐的哭诉，好半天才无奈地说道："方炀不会愿意和任何一个女人结婚，你又以为自己会有什么不同吗？"

这么刺耳的话狠狠地戳进了她的心。是啊，她又有什么不同呢？

她知道，方炀态度坚决，是绝对不会向自己妥协的，而自己也不可能向他妥协，再妥协，就真的要把自己一辈子搭进去了。

沈露云的婚礼在两周之后举行，苏苹原本没打算去，可拗不过一大帮老同学的怂恿，便还是去了，毕竟这是一件值得祝福和高兴的事情。

她看见身着纯白婚纱的沈露云，微笑着倚靠在新郎的旁边，两人四目相对时，那浓烈的甜蜜都能融化开来，真是一对璧人。

浪漫的婚礼进行曲奏响。

"我愿意。"

"我愿意。"

新娘和新郎紧握住对方的手，终于在众人的期盼和祝福中，他们携手走向了生命中的下一个征程。

这才是爱情，愿意担负起照顾对方的责任，愿意筑起一个温暖的家，愿意在未来无数的黎明和黑夜里，成为彼此最坚实的依靠。

苏苹看着眼前的一切，心里隐隐地作了一个决定：与其互相僵持不下，不如含泪离开吧，这是对自己最负责的做法。

真正的爱情并不是罗曼蒂克，不是两个人的欢愉，不是两个人的游水嬉戏，爱情快乐，但它最终还是得融入平淡的生活流年中，汇聚成深邃而浩瀚的大海。

苏苹走出大厅，给方炀打电话。她知道那头的方炀又在酒吧，夜夜笙歌。

"方炀，我们分手吧。"苏苹一字一句给方炀发短信，清晰而有力。

苏苹知道，这场爱情，不是谁对不起谁，是谁能给谁结果。

婚姻是什么？婚姻是升华的爱情，是在经历了人生的百转千回后的归宿。我们不可能永远生活在没有婚姻的爱情里，因为那注定经不起时间和岁月的吞噬。

对于女人来说，再疯狂热烈的爱情，也不如一份安稳的婚姻来得实在，它会让我们不必在午夜梦回时发现自己孑然一身，不必在韶光逝去后无所依靠，不必在垂垂老矣时没有陪伴。

分手吧，
我会更爱我自己

如果你真的爱我，那请你下定决心和鼓起勇气与我去经历生活的琐碎和庸俗；

如果你真的爱我，那请除了赐予我甜蜜的爱情外，再赐予我安稳的守护；

如果你真的爱我，那请为我披上婚纱、戴上钻戒，一起面对亲朋好友的衷心祝福。

如果你不能这样，那我只能选择离开！

你继续去游戏人间，我依旧寻找真爱。

他总说会给我美好婚姻，但却毫无行动

阿凉

女主角：鱼小姐

男主角：莫铭

分手原因：口头上的承诺太多

火车站台上，鱼小姐独自拖着行李箱在人群中挪动，她戴着的红色帽子格外显眼，深海乐团的音乐会马上就要再次回到上海巡演了。

那可是鱼小姐的最爱，于是她果断放弃了能与国内外好多婚纱设计大师近距离交流的进修机会，毅然决然地坐火车回了上海。

深海乐团是国内唯一一支人和鱼完美合作的乐团，他们的鱼群会随着音乐韵律舞动，特别炫酷。当然了，还有最重要的一点，鱼小姐的男朋友莫铭就在上海生活工作，鱼小姐爱莫铭，而且他们曾经说好会再一起看这场音乐会，和几年前深海乐团第一次来上海演出时一样。

可是在挤挤攘攘中，鱼小姐却并没有发现莫铭的身影。

她拿出手机拨通了号码："莫铭，说好的来接我，人呢？"

"啊，我给忘了！还有好几个平面要拍，我事太多了。你先回去吧，你知

道我住哪儿。"莫铭这几句话让鱼小姐澎湃的小心脏一下子跌落谷底。

"你什么都承诺我,什么都做不到!"鱼小姐为了莫铭可是放弃了多少人挤破头想得到的机会,一想到这里,她就有些气愤。

"别生气嘛,你来了,我会给你一个惊喜哦!"莫铭卖了一个关子,鱼小姐套了好几次话都没套出来,她挂掉电话的那刻,好似有些情不自禁地笑了,她想一定是曾经莫铭提出想结婚的事儿而他终于下定决心要求婚了吧。

一想到这里,她全身的细胞都好像跳跃了起来。

莫铭最初和鱼小姐是在同一家婚庆公司做设计小学徒,两人都致力于设计优秀的婚纱装,但却因为一次偶然的机会,莫铭进入了模特圈,身价噌噌噌地向上蹿,而鱼小姐也遗传了家族心灵手巧的基因,经过多年坚持努力成了婚纱设计师。她为自己设计了一套弥漫着民间剪纸艺术风的婚纱套装,再配合自己最爱的鱼为点缀,这样的大作一定得留着自己的婚礼上穿,那时惊艳全场,梦幻到一塌糊涂。

但婚礼的男主角,她却从没质疑过,一定得是莫铭。

说起他们两人的爱情史,那可真是所有人都知道,本应是冲脾气的两个人在一起应该会地球毁灭,但莫铭却铤而走险,厚着脸皮想追鱼小姐这耍着大脾气的女孩。对他来说,这是一个挑战。

于是他拿了束花向她告白,其他女生都尖叫连连,但鱼小姐却白了一眼莫铭,咬着口香糖淡淡地说了三个字,神经病。

后来,莫铭不知道从哪里听说鱼小姐特别喜欢鱼,那时候正好有个超炫的深海乐团巡演,票特别难弄。

莫铭飞一样地在鱼小姐回寝室的路上堵住了她,邀请她和自己一起去看深海乐团的表演。鱼小姐深知要想拿到深海乐团的门票简直是比登天还难，她轻蔑地看了看莫铭，嚼着口香糖淡淡地说了两个字，好啊。

没想到莫铭裹着绿色的军大衣在售票处排了两天一宿，当他淌着鼻涕把票递到鱼小姐手中的时候，她的嘴张得老大，口香糖也跟着掉在了地上，她只说出了一个语气助词：哇。

票根至今还有，座位是 20 排 13 座，20 排 14 座。

位置不大好，但当时莫铭齉着鼻子解嘲说，远是远了点，但座位号的寓意挺好，爱你一生，爱你一世。

别人那都是陪你去看流星雨，但莫铭却用了鱼小姐无法招架的招数，成功将她一军，于是掀起了狂风浪潮，大家都说莫铭这神兽连火海都能 hold 住。

那场深海乐团的音乐会太棒了，莫铭是一边打着喷嚏一边陪鱼小姐看完的。于是到最后，莫铭发起了 39 度的高烧。不过他觉得这烧发得值得，因为鱼小姐悉心照料了他半个多月，一来二去，礼尚往来，莫铭用高烧的胡话再次向鱼小姐表了白，这次鱼小姐答应了。

39 度的体温最后美美幻化成了两个人牵手拥抱的温度。

那时鱼小姐问过他，这么搏命排票，只为了自己的一句"好啊"，何必呢？

但莫铭却郑重地告诉鱼小姐，他是个说到做到的人，大丈夫就该一诺千金，特别是对鱼小姐，他必须言出必行。

那刻鱼小姐感动到不行，她暗下心意，这个男人太靠谱了，必须托付终身！

其实这次鱼小姐来上海正是为了莫铭许下的一个诺言，因为曾经莫铭答应她，深海乐团再次回到上海举办音乐会的时候，他一定会给鱼小姐一个特别且极具纪念意义的求婚仪式，让鱼小姐此身不留遗憾。

而此刻，鱼小姐一个人拖着行李箱离开火车站，她上了出租车去往莫铭的住处，司机操着一口颇重的上海方言，热情、健谈，他给鱼小姐说了城隍庙的前世今生，说了外滩和黄浦江畔那些浩渺岁月。鱼小姐听着心里却备感荒凉。

她想起莫铭曾经答应过自己，等她来到他的地盘，他便带她游遍大上海，边走边讲。而此刻却是大叔讲得生动，什么都不是他。

几年前鱼小姐觉得自己可以等，等着没事儿，她爱莫铭，愿意等他。

但如今她成为婚纱设计师好几年了，自己的婚纱装都设计出来了，莫铭却还是这样，一会儿拍平面了，一会儿接电影了。她总是听到他说了太多承诺的话却什么都没做到，她倒有些质疑等待了。

时光匆匆，青春一下就变得枯槁难寻。

路口，出租车停下了等红灯，鱼小姐被不远处的礼炮和音乐声拽回了现实，她侧目望去，是一家酒店正在举行的一场婚礼，酒店名叫孤岛酒店。

孤岛酒店，她太有印象了，因为莫铭不止一次和她提起过这里，他说这是上海滩最神奇的酒店。在这里举行过婚礼的夫妻最后都在上海安了家，而且生活幸福，他们每一年的圣诞节都会在孤岛酒店举行一个盛大而又甜蜜的Party。

他们穿着别出心裁设计的婚纱装步入结婚殿堂，从此他们的人生不再孤岛。

莫铭曾经许诺，说请深海乐队来到这个孤岛酒店，给他们俩做婚礼的见证。于是自然，这个酒店成了他们的不二之选，于是当交通灯变成绿灯的时候，鱼小姐扔下车费，直奔孤岛酒店而去，她太期待这个神一般存在的地方了。

孤岛酒店的礼堂里正在举行着一场婚礼，果然名不虚传，这里的海洋主题婚礼最具特色，是孤岛酒店的镇店之宝。

新郎站在婚礼的舞台中央，那里被布置成了孤岛的模样，礼堂里回响着海浪拍打礁石的声音，就像鼓浪屿的钢琴声。

灯光由明亮再到昏黄代表着日复一日，周而复始。当灯光的色调变成蓝色的时候，伴着海鸥和水鸟的叫声，新娘一袭高贵华丽缓缓从天而降，礼堂中央的孤岛生出了绿色，代表着新娘的出现让新郎的生命从贫瘠荒岛变成了丰饶的绿洲。

鱼小姐深深陶醉在了这场主题婚礼中，莫铭真是太有眼光了，她完全爱上了这座叫作孤岛的酒店，恨不得明天就是她和莫铭的婚礼。

于是她兴高采烈地走向前台的婚礼预订服务台，她想既然莫铭打算向鱼小姐求婚，那么想必酒店早就该订好了。

她更加知道，像这么火的酒店，如果不提前一年半载去预订的话，是不可能有机会在这里举行婚礼的。

于是她接过前台接待手中的全年预订手册，每翻一页，心就离喉咙口更近一寸，就像小时候撕开生日礼物外面一层一层包装纸那样激动紧张。

然而，预约手册被鱼小姐来回翻了三遍，并没有发现属于他们俩的那一页，甚至在主预订也旁留的轮候预订里也没有看到叫莫铭或者鱼小姐的名字。

鱼小姐特别失落，她迎着那些欢声笑语参加婚礼的人们走出了孤岛酒店。他们撞着她的肩头，有点疼。

她的脑海里只有一个想法，莫铭没有在这儿预约婚礼！

傍晚的时候，莫铭打电话来了，他让鱼小姐帮他收拾一下衣柜里的户外冲锋衣，还有防晒霜也一起装在行李箱里，他要和剧组去趟西北，那里有个电影特别急，需要补拍镜头，一去便是半个月，即日起程。

"可是你答应陪我去听深海乐团的音乐会啊！"鱼小姐有些激动。

"时间上是不可能了，等以后有机会的吧？好吗，宝贝……"

"什么叫以后再说，莫铭你说你和我说过多少个以后了！"鱼小姐对着电话喊，声音在抖。她想起自己满怀希望去看酒店名单，得来的却是一堆泡影。

果真没他陪自己就不能去看深海乐团的音乐会了吗？

鱼小姐不甘心，她就算自己孤身一人也必须去！雷打不动地去！

人行道上的红灯已经变绿，行人匆匆走过，等待的车流越来越长，出租车刺耳的喇叭声不断响起。这是第几次了呢？她不停地妥协，不停地原谅，她不想同莫铭争吵，可是这么多年，他为自己承诺了多少，又实现了多少？

鱼小姐疲倦了，她要赌一赌，她于莫铭，到底意味着什么。

她在售票窗口买了两张音乐会的门票，之后给莫铭发了一条短信：

还是20排13座，20排14座，位置不变，承诺不变。我在音乐厅等你。

发出去后，鱼小姐时刻盯着手机，十分钟后，屏幕上显示着莫铭的来电。

"小鱼，你幼稚不幼稚，音乐会就非去不可吗，你能不能别无理取闹？"

"莫铭，我26岁了你知道吗？你还记得你说要在音乐会上向我求婚是哪一年吗？那一年我21岁你记得吗？"她原以为莫铭会妥协，就算不来，他也会为自己的食言道歉，可是这些话，一句句刺痛了鱼小姐的心，她打断了莫铭的话，"莫铭，你上次承诺说我们会在孤岛酒店完成一场梦幻的婚礼，可你给了吗？那些你所谓的承诺，到底实现了多少？"

"小鱼，你怎么这么不懂事。你不是不知道，我要拍片赚钱！"

"音乐会没时间是吧？那结婚呢？你连预订婚礼的时间也没有吗？孤岛酒店的预订名单里根本就没有我们的婚礼！"

"婚礼我心里有数，但是孤岛酒店现在贵得离谱，等我把公司的事忙完了，一定找一家性价比更高的酒店，你放心，我说到做到。"

"说到做到？"鱼小姐苦笑着，"怕是最后又变成石沉大海的约定吧？"

"小鱼，你能不能为我想想？我现在也算是公众人物，在孤岛酒店那么大张旗鼓告诉所有人我成了已婚男士，对我演艺事业发展不利啊。你应该知道，现在和过去不一样了，以前我可以堂而皇之和你秀恩爱晒甜蜜，但是现在不可以了。"莫铭反倒在电话里怨气横生，哭诉这些年一路走来的辛苦。

鱼小姐拿着手机眼神迷离，她想起当年自己坐在20排13座，在她旁边的20排14座坐着一个男孩，他一边打着喷嚏，一边陪她听着音乐会，可是如今，承诺在这些微妙变化的时间里，如薄薄的一张纸，一戳就破。

鱼小姐捏着那张快要被折旧的票根，第一次没说再见，就挂断了电话。

在爱里，我们总是希望对方给予我们可以实现的承诺，给予我们婚姻的殿堂，罗曼蒂克的婚礼与相互拥吻后得到的祝福。

若是承诺建立在相爱的基础上，是会让双方甜蜜无间，但若是一旦承诺成了拖延的武器，爱情的争吵点，那么它将成为一把锋利的剑，从你的喉咙口狠狠划过，伤痕遍野。

承诺再多，如果没有做到，也不过是句句谎言。

千万不要小瞧一件我们觉得细微到爆表的琐碎小事，若是答应去做，就把它干漂亮了。那么爱也一样，没有人愿意在糖衣炮弹里苟延残喘过着也毫无怨言。

鱼小姐打电话给莫铭的时候，她说她已经等了足足五年，她等不起了。

五年时间，说短不短，说长不长，爱情在这五年里尝到了激情的喜悦，平淡的绵长，却也简简单单败给了一句动动嘴巴就扯出来的誓言。

而鱼小姐如今消耗的，并不单单是这五年来青春的付诸东流，更多的是她对莫铭诺言的一次次失望，最后她不愿再等下去了。

　　因为承诺就像罐头，开了口就要去品尝，不然放再多防腐剂也会过期。

　　而从今往后，我们的有生之年，不要承诺不能达到的，不能辜负最深爱的。因为太远的东西我们看不见，而把握现在才是关键。

隐婚的背后

嘉宝鱼

女主角：葛小蔚

男主角：王玮

分手原因：在爱里盲目，常常一个人

葛小蔚蹑手蹑脚地走到房门前，将耳朵贴在门上听了听，房间里传来拖鞋摩擦地板的声音。王玮果然在家里，她暗自兴奋，轻轻叩响了房门，准备给他一个惊喜。

门开了，葛小蔚把爱心饭盒递上前，歪着头说："surprise！"

她以为门后的人会给她一个大大的熊抱，可她看见的却是对方目瞪口呆的脸。

王玮从半掩的门缝里钻出来，二话没说，硬拉着葛小蔚下了楼。

葛小蔚甩开他的手，有些生气地问："干什么呀，我专门做了你爱吃的红烧鱼，大老远跑来给你过生日，你这是什么意思？"

王玮支支吾吾："你怎么知道我住这里？"

"我向你同事打听到的。"葛小蔚说，"你为什么不让我进屋？"

王玮不敢看她的眼睛，小声地说："小蔚，你先回去吧，明天我来找你。"

葛小蔚仰起头看了看王玮的家，那里的灯光通亮，里面似乎有人在走动，一种不祥的预感直冲脑底，她想要再返回楼上一探究竟，却被王玮死命地拦住了。

"你家里还有谁？"她提高嗓门质问道，"如果你不说，今天我就不走了。"

王玮露出从未有过的惊慌与尴尬，良久才从嘴里吐出三个字："我老婆。"

葛小蔚手中的饭盒"哐当"掉在地上，仿佛遭受了晴天霹雳，整个人都痴傻了。

老婆？王玮的老婆？这是真的吗？她被突如其来的事实打击得体无完肤，她难以相信事情的真相，后来不知道王玮又说了什么，也不知道自己是怎样走出他的小区，只感觉内心不停地挣扎，雨水滴在脸上，凉进了心底。

葛小蔚坐上了回南京的动车，在对待爱情上，她一向是以爱情为最大的，以至于王玮生日，她买了去上海的票将自己做好的红烧鱼给他送过去，南京到上海，一个半小时，轻松抵达，可没想到，结局却得知对方是个有妇之夫，那刻她终于恍然大悟在这场爱情里，为何她总是孤独一人。

邻座的老人正在呼呼睡着，她倚着车窗，打开微信，逐条浏览起曾经发布在朋友圈的照片，内心再次掀起阵阵悲痛的浪潮。

她记得开通微信的那天，正是与王玮相识的那天。那日她在朋友圈里写道："蓦然回首，眼波流转，竟然是邂逅了爱情，就像此时邂逅了春天的风景。"

葛小蔚是一名小报记者，那日她去采访一场以"邂逅春天"为主题的交友会，偶然看见了王玮。

交友会的人很多，王玮之所以能引起她的注意，一来因为他脸上挂着令人舒心的笑容，好像一直站在阳光之下，二来因为他躲在角落缄口不言的模

第四章
分手吧，我才没有一文不值

样，让人心生好奇。

参加交友会的人一般都直奔主题而去，特别是男性，几乎都是迫不及待地找女性聊天，但唯有王玮静悄悄地坐在茶座里，没有一点找人搭讪的迹象。葛小蔚采访完主办方，坐在茶座休息，记者的敏锐性让她迅速注意到王玮，她主动靠了过去，本着职业习惯打探王玮静坐的原因。

王玮长得很精神，蓄着一头短发，白衬衫的领口微微敞开，恰到好处地露出小麦色的肌肤。从他的谈吐中，她感觉到他性格温和，身上有着超出他年龄的沉稳和男人味，不免被他深深吸引，感情如野马脱缰一般，肆虐奔腾。

趁着上厕所的空隙，葛小蔚到主办方偷偷索要王玮的联系方式，可一细查，名单上除了他的姓名，没有任何信息。于是她不得不厚着脸皮，直接向王玮要了电话号码，羞涩得脸上一片红霞。

回想到这儿，葛小蔚这才明白，那时的王玮早就在策划一场隐婚游戏，他参加交友会不留信息，也不找人搭讪，还躲在角落里，并非他以为的腼腆或顾面子，而是为了日后不落下交友的证据，更为了推卸责任。

因为这样，事后一旦东窗事发，他便可以大言不惭地说，他从没去过什么交友会，也没有勾搭任何女人，而是女人们主动投怀送抱的，这样，他便可以为自己突破道德底线设计了一个恶心的借口。

葛小蔚深深吸了一口气，点了删除键。

她的手指在"确定"二字上停留了几秒钟，最终还是狠心按了下去。

她继续翻看曾经的照片和文字，看完一条删掉一条。那里面曾留下了她和王玮交往的全过程，从再次约见到一起吃饭，从吃饭到牵手，从牵手到接吻，再到睡在一起，一切仿佛都是自然而然的事情。

那时的照片是温馨的，如今再翻看时，画面早已失去了往日的温度。

手机在她手里震动了起来，若是从前，屏幕上闪烁的必定是"亲爱的"三个字，但如今，闪现在屏幕上的是一串陌生而又熟悉的数字。

她删掉了他的一切东西，至于电话，她也没有接听，而是果断地挂掉了。

葛小蔚一开始就知道王玮住在上海，知道两人分居两地注定会产生一些问题，可爱情一旦来袭，一切理性便不在掌控之中，那时沉醉于爱情的她是甜蜜的、幸福的，也变得盲目，盲目到她从不怀疑他的任何话，对他言听计从。

比如她现在翻到的这张照片，她25岁生日那天的留影，上面有她和同事的笑脸，他坐在她身边，却只留下了一个侧脸。

后来她埋怨说他不会照相，每次与她合影，他要么恰好低着头，要么恰好有东西挡住了脸。他一脸无辜，说他不喜欢照相，也不会摆Pose，请她原谅，然后又甜言蜜语地在她耳边低喃，让她很快忘掉了照相的不快。

直到今天再次浏览这些照片时，她才明白为什么他不愿意照相，为什么交往一年来，他俩竟然没有一张正面的合影。

他真是个谨小慎微的人，把一切都做得那么天衣无缝。

葛小蔚还记得开生日派对前，她想邀请王玮的朋友一起参加，但立刻被王玮婉言拒绝了。她非常不解地问："你不让我见你家人就算了，为什么连朋友都不让我认识？"

"你想得太多了。"王玮当时回答说，"不是不让你认识，是不想故意安排认识，你知道我的个性比较随意，等以后你们自然就认识了。"

葛小蔚无话可说，每次王玮这样回答，她都不知道怎么接下去。她视他为能够托付终身的伴侣，于是带他回老家见过了所有的亲朋好友，但他身边的人,她一个也没见过。

她对他一直清晰透明,但他对她却暗藏颇深。

他说他在上海也是一个人,父母远在新疆,等过年了再带她回家。

她便每日盼着过年,等真的到了春节时,他又说他要去国外出差,等有时间了再回他老家。于是她见他父母的事,一拖再拖。

那晚的派对结束后,他接了一个电话,说要赶回上海加班,她没有挽留,因为已经习惯了那样,很多时候,她想与他共进晚餐,一个电话便会将他召唤回去。他说为了他俩将来过得更好,现在只有拼命工作,她理解他的心情,夸他有上进心,他便赞她善解人意。

但那晚,她什么也没说,就让他走了。

她喝了很多酒,回到家时已醉得一塌糊涂。望着空荡荡的房间,她哭了,撕心裂肺的。她不知道为什么会哭,和王玮恋爱后,一喝了酒便成了这样子。每次与同事在外狂欢完,回家她就一个人躺在沙发上,抱着"大白"公仔哭得稀里哗啦,然后哭到睡去,等第二天在沙发上醒来时,发现脸上的泪痕,就会感到前一晚哭得莫名其妙。

而现在,她知道当时为什么会哭了,那是她在为内心的孤独呜咽低鸣。

葛小蔚的手指又停留在了另一张照片上,照片里是她一只脚的特写,脚上裹着厚厚的纱布。她在照片的备注中写道:因为有你在我身边,阳光就在我眼前,花儿不再枯萎,坚强不再后退,爱的信念到永远……

这是她引用的一句歌词,毫不避讳地表达出对王玮的爱。

在这段文字后面,很多朋友都写了评语,羡慕她找了个好男友,但她却觉得有些酸楚,因为那天的真相却是另一番场景。

相识一周年，为了庆祝，她邀王玮到家里来，把房间精心布置了一番，玫瑰花瓣，复古烛台，高脚酒杯随处可见，她站到凳子上，还想在吊灯上弄点小花样，一个不小心没站稳，从椅子上摔了下来。

周围没有熟识的人，她只得忍痛爬到手机旁，给王玮打去电话。电话拨通了，可又被迅速地挂断，她反复拨过去几次，王玮的手机竟然关了机。她没法找到他，只好向同事求助去医院。

脚崴了，在医院拍片敷药包扎，全程都是同事帮了忙，王玮一个声响都没有。后来等到她包扎好了伤口，王玮才打来电话，他不停地道歉："小蔚，刚才和一位客户谈笔大生意，所以没接你的电话，后来手机又没了电，自动关机，真对不起。"得知葛小蔚摔伤了脚后，他心疼得不得了，说要立刻赶过来。

葛小蔚强颜欢笑说："我已经没事了，你工作要紧，还是忙完工作再过来吧。"

本是一句无心之言，哪知王玮顺势说道："小蔚，你真是通情达理，这笔生意对我很重要，我晚上要继续陪客户，今天就不去你那边了。"

葛小蔚哑然，从头到脚就像被冰水浇灌一样，凉到了极点。

她一瘸一拐地回了家，做了一大堆吃的，一个人坐在饭桌旁等待，直到蜡烛燃尽，她确信王玮晚上不过来了，才拿起筷子，含泪咽下已凉透的饭菜。

那晚，她化悲痛为食欲，吃了两个小时，把饭菜一扫而空，然后还不忘掏出手机自拍，在朋友圈秀着自己的"甜蜜时光"，让大家都误以为她受伤时，男友在身旁关怀备至，贴心照顾，两人度过了浪漫的一晚。

她不知当时抱着什么心态，会拍下那些虚假的照片，或许是为了女人的虚荣，或许是为了自我安慰，又或许是想麻痹自己，但无论怎样掩饰，如今事实堂而皇之地在她面前，这场恋爱里，她始终都是一个人。

动车上的服务员推着小车从过道走过,叫卖声惊醒了葛小蔚身旁酣睡的老人。他伸了个懒腰,然后眼神诡异地看着葛小蔚说:"孩子,你好像哭了很久吧。"

葛小蔚没作声,只轻轻微笑了一下,不知该不该理会这个老人。

老人继续说道:"哭只有悲伤和感动两种,一个人抹眼泪是悲伤的事,两个人抱着哭是感动的事。孩子,你说我说得对吗?"

葛小蔚点头,喃喃说道:"是的,我在悲伤,我在为一个人哭。"

"他值得你去哭吗?"老人捋捋胡须说,"为了感动去哭是傻子一生中做的最聪明的事,为了悲伤去哭是聪明人一生做的最傻的事。我相信你是聪明人,所以不要再做傻事了。"

葛小蔚看着老人愣了半天,半晌才领悟过来,如梦初醒般地笑了,那是发自内心的笑。她突然明白,在这场爱情游戏里,自己之所以会莫名其妙地做了小三,是因为太沉醉于爱情的追求,被自以为是的爱蒙蔽了眼睛,其实她一直是在用想象力维持这段爱情,如今,她知道错了。

车到站了。手机再次响了起来,葛小蔚这次接通了电话,用平静的语气说道:"王玮,你再打来,我就回上海找你老婆!"

电话那端,一阵沉默,对方一句话未说,然后挂了。

世界上的男人分好多种,有些人对你关怀备至,却从来不给你一句承诺;有些人对你宠爱有加,却从来不说我爱你;有些人会给你最美好的爱情,胜过任何一个恋爱对象,但他却常常不在你身边。

人心难测海水难量,我们难免会遭遇这样那样的爱情游戏,难免会被爱人

分手吧,
我会更爱我自己

的光环效应迷晕,当我们庆幸终于找到了好伴侣时,不免静下来,了解自己寂寞的内心,你是在追求一份真爱,但他确定也是吗,还是只是寻找婚外的刺激感。

每个人都有自己的情路,关键是选择。我们可以选择盲目地迷恋爱人,让他榨取青春年华,也可以选择决然离开,把装睡的自己叫醒。

很多时候我们并不缺优秀的爱人,只是缺少一个愿意放开爱情假象的决心。

眷尔的治愈小语：经营婚姻，延续爱情

七堇年曾说，婚姻是爱情的坟墓。

也有专家调查出，爱情的保鲜期只有两年半。

果真如此吗？我一直相信，只要是愿意走入婚姻的，对对方都是有爱的。

因为相爱的人，如果不能给对方婚姻，那么凭什么对对方说深爱。所以，爱情需要用婚姻来证明。

我们从上面的故事中也看出了，苏苹爱方炀这么多年，她把所有的青春都给了他，她要的不过就是方炀一生陪伴，一句告白，一场婚礼，真的就这么难吗？婚姻，是愿意彼此同舟共济，担负起家的责任，更是愿意在无数个不知结果的未来里成为彼此的港湾；

若是说苏苹一直等不到方炀给她的家，那么鱼小姐的婚姻就像是一个泡沫，莫铭永远承诺会给她幸福，可是承诺到了最后终究是一场空，鱼小姐在等待承诺实现里越走越远，起初她就像是含了糖块的孩子，甜蜜地等待，焦急地等待，这些片刻甜蜜后，突然化开了这虚伪的承诺，就像是包着糖衣的苦药，一下子充斥进嘴里，苦到掉泪，苦到心尖；

而你看到的，葛小蔚与王玮的不合道德的爱情，葛小蔚是不知情的，当她知道后，她愤然挂断了他的电话，让自己不做拆散家庭的"第三者"。难道

婚姻真的这么可怕,可怕到王玮不惜隐瞒,将自己的谎言说了一个又一个,也不愿将就在自己的婚姻里吗?

女人们总是寄希望于现实,拿婚姻与爱情来作比较,你看我的爱情怎么样怎么样,所以我希望我的婚姻应该和爱情一样。

其实最重要的,就是将嘴上的甜蜜,嘴上说的那些我爱你,幻化成为执子之手,与子偕老的婚姻,幻化成我愿与你共度柴米油盐酱醋茶的苦日子。

我不是只对你说爱,我是想和你一起过活。

两个人一路走来的爱其实很简单,每个人都是从相识、相知到相爱,最后再步入了婚姻的殿堂,在婚礼的大场景下,主持人歌功颂德,说着任何幸福美满的话,台下的亲朋好友高朋满座,都希望眼前的这对新人婚姻生活幸福、早生贵子,然后两个人能够共同携手走过风风雨雨,白头偕老。可是现实生活中我们发现,虽然每个人结婚时的初衷都是一样的,都是希望婚姻之树、爱情之花能够长长久久、和和美美,但结果却截然不同:

有的夫妻结婚几十年依旧恩爱如初,根本就没有什么所谓的"七年之痒",更没有什么婚姻的"瓶颈之年";

有的夫妻结婚多年却都是吵着过日子,两天一小吵,三天一大吵,不吵反而不正常;

有的夫妻更是动不动以离婚为要挟,久而久之麻木不仁,一张纸若是摆在面前,分分钟签了十几个名字……

这些都是婚姻出现的问题,都需要你时不时地去学会如何经营婚姻。

"如果你不能给我婚姻,那我只能选择离开!你继续去游戏人间,我依旧寻找真爱。"这是我在这章节里特别喜欢的一句话,要知道,爱情与婚姻是不同的。

爱情是罗曼蒂克，是花前月下浪漫的邂逅，恩爱的亲吻，但婚姻则是实际的过活，柴米油盐酱醋茶的艰辛。

爱情若是盛开得硕硕其华，引人驻足留恋，那么婚姻便是还未成型的果实，摘下它吃一口，口感涩涩，还带着略苦。

鲁迅先生曾经说过："爱情需要时时更新、成长、创造。"

那么，如何打造浪漫的婚姻生活，如何将新鲜的爱情进行到底，这是婚姻中的人要思考的问题。如果不注意更新自己的爱情，那它濒临很大的警告信号。

(1) 爱情和婚姻有着共通点

张小娴说过的一段话："一个人的孤单并不可怕，最可怕的是有了伴侣之后的那份孤单，伴侣糟糕，你却不能离开他，那是最孤单的。"

为什么大部分的人都说婚姻是爱情的坟墓，因为他们都觉得夫妻生活是平淡枯燥的，婚后没有当初爱情的甜蜜柔情，心惊肉跳。

可是爱情与婚姻却有一个共通点，他们既是对立又是相互牵引的，因为有爱。

为什么爱情是甜蜜的？

因为爱情里包含着激情，是激情为爱情带来了浪漫。

为什么有些人的婚姻也可以甜蜜起来？

那是因为夫妻间的生活带来了前所未有的激情，这个激情是比爱情里的激情更加动人，更加荡漾人心，于是婚姻也跟着完美了起来。

情人眼里出西施，恋爱中的男女会将对方的优点放大一万多倍，而往往对对方明显的不足视而不见。他们在花前月下卿卿我我，海誓山盟，说要永结同心，白头偕老。他们说，对方的缺点也是我爱的优点之一。

这句话虽然有些肉麻，但是这些美好的激情使他们觉得整个世界到处充满阳光，在生活和工作中也充满了热情，灵感不断闪现，从而创造出惊人的成绩。

但婚后可没有这些西施了，握着对方粗糙的手，就是感觉在摸自己的手一样，自然且理所应当，可是若是时不时地勾起曾经的美好的恋爱时光，又时不时地延续彼此的亲热，那么这些柴米油盐酱醋茶的生活，也未必不见得有多枯燥乏味，或许烧起菜来都分外高兴呢！

（2）爱情和婚姻有着排斥区

现在大部分年轻人都知道，恋爱和婚姻是两码事，恋爱是谈的两个人的爱情，而婚姻却是爱着六个人，或者六个以上人的爱情，家人也是爱情的参与者。

所以正常下来，爱情与生活总是分开来经营的。

恋爱的时候，爱情是奢侈的，两个人总会找一些浪漫的理由，去星巴克喝一杯咖啡，或去意大利餐厅品尝西西里肉酱面，或者去法国餐厅点了只上好的法式烧鹅，又或者给男/女朋友买昂贵的香水……

恋爱的时候一次花去个几百元或上千元也觉得没有什么不值，因为浪漫的感觉实在是太好了，至于在生活上的节约与精打细算，往往因为恋爱而被忽略了。可结婚以后就不同了，似乎是婚姻把两个人从恋爱的浪漫拉回到生活的现实中来了，恋爱时几杯咖啡的价钱，现在可能是两个人一个月的油米钱。

有些时候对方提出要不要去茶餐厅吃个甜品，都会因为太贵，或者自己也能做而驳回，这个时候，两人的考虑会现实得多，他们把爱情融入了现实，更多地会为生活着想，如果有孩子的话，那更要省吃俭用，为了孩子考虑。

第四章
分手吧，我才没有一文不值

如何让婚姻经营得像爱情那么美好呢？我列举下面三个做法：

（1）撒个娇，来一场甜蜜的糖衣炮弹

妻子适当跟丈夫撒撒娇，能让婚姻时刻充满激情与动力。

撒娇可没有年龄的限制，凡是拥有幸福婚姻的女人，都懂得用撒娇激起丈夫的疼爱。撒娇是女人的手腕之一，因为她们知道，通常男人都经不起撒娇女人的软磨硬泡。可是我这里说的撒娇，仅仅是指可以撒娇的时候，若是时机不对，无节制地撒娇也会成为一种"作"的表现，反而适得其反。

我曾经采访过一对恩爱的夫妻，在说到撒娇问题上，男人一本正经地说："老婆对我一撒娇，我就觉得肉麻受不了，不过这总比她哭要好，通常她一撒娇，我就要做好掏皮夹破费的准备……"

妻子亲昵地打了一下老公，一脸幸福："有人认为撒娇是恋爱小情侣们的专利。其实我不觉得呢，我们结婚也要快十年了，孩子都挺大了，可我总喜欢对他撒娇，不然你就会觉得，生活总是平淡得像一潭死水，我觉得我不撒娇就会抑郁了呢，生活琐事太多了，撒个娇让死水泛起涟漪，这样才能过得有声有色……"

会撒娇的女人，使唤起男人来，简直易如反掌，我们来举个例子。

同样是需要老公给自己拎包，撒娇的女人会说："哎哟，老公，你帮我拎个包吧，你看人家的手，都被勒出红印了。"

可如果不懂撒娇的女人，就会直眉瞪眼地冲男人喊一通："快给我拎东西！没看见我大包小包呢，我这么重你都不帮我，你还是不是男人啊！"

一样的话，通过不一样的方式说出来，结果截然不同。

如果生活是一杯牛奶，那么撒娇就像糖，糖放太少了没味，放太多了又甜到腻味，只有正正好好的糖，才能唱到正正好好的牛奶。

聪明的女人们，要懂得撒娇撒得恰到好处，也懂得自己的命运，其实都掌握在自己的脑袋和嘴巴里。

(2) 用心思，来一份浪漫的烛光晚餐

恋爱的时候，我们吃了太多浪漫的烛光晚餐，但当我们结完婚后，与恋爱时的挥霍享受形成了鲜明的对比。

于是烛光晚餐不吃了，我们改成了普通的荤素搭配。

其实，我聪明的女人们，你们不妨过一过温馨的二人世界呀，抛开工作中的一切烦恼，就你们两个人，尽情地享受温存的甜蜜。

在适当的时候，去咖啡店品一杯浓郁的咖啡，在甜品屋吃一口你们曾一起吃过的甜品，再去一次你们恋爱时游玩的地方，看看还和从前的一不一样，千万记得，要将自己从生活的琐碎与烦躁中抽离，唤起你们记忆中的恋爱时光。

在各种纪念日、情人节到来的时候，不妨也学学年轻人，为你心爱的人送上一束美丽的鲜花或者送上一份小小的礼物。

别说什么一大把年纪了还送什么礼物，也别说老夫老妻了还在意这个。

其实我相信，送一份小礼物，即使价格不贵，即使只是个小小的装饰品，对方都会感动涕零，她一定觉得自己正被浓浓的爱意包裹着。

在对方上下班的时候，在对方感到劳累的时候，在你想表达自己的爱的时候，不妨大大方方地送上你亲切的问候和甜蜜的亲吻，或者一句满含深情的"我爱你"，而不是成为一切等熄灯以后一种例行的规定。

这样，婚姻才会像一坛陈年老酒，时间越长，味道越醇香。

（3）来一场幽默的较量

对每个女人来说，幽默风趣的语言风格固然有先天因素的影响，但更有后天的习得。幽默可不仅仅是男人的专利，女人为什么不可以幽默起来？

这么说吧，幽默的女人充满智慧，因为她会利用幽默带给人意想不到的快乐。

有人说，没有幽默感的女人，就像鲜花没有香味，只有形，没有神。可惜了光鲜的外表，看上去，总是差那么一口气。

幽默不是纯粹的搞笑，幽默是一种智慧的迸发，是一种婚姻的调情。

同时，它也是人与人之间交往的润滑油，是我们人生的松弛剂。

两个人相处，无论彼此间如何相爱，也无法避免吵闹和别扭，就像牙齿与舌头再亲密也有咬与被咬的时候。闹别扭的时候，与其哀叹抱怨，不如捷足先登，急中生智来点儿笑料，平衡心理，让生活更添温馨。

女人具有适当的幽默感，更是一种胸怀，一种境界。它更易使平凡的生活显得快乐而温馨。

比如我曾在一本书上看到这么个例子：

有次女人和男人闹了别扭，情绪激昂的妻子忍不住对他说："我们离婚吧！"话一出口，女人又觉得后悔了，她发现其实自己与他的别扭也没有到离婚这么可怕的程度，以前女人都很忌讳"离婚"这个词，从不敢轻易说出口，现在说了更担心这句话会激怒丈夫，把矛盾扩大，于是为了扭转形势，妻子又补充一句："离婚了以后，房子归你，冰箱归你，电视归你，电脑归你，床归你，桌椅板凳什么的全都归你，我保证一个都不要……"

丈夫一听果然没有发怒，反而好奇地问妻子："那你呢？"

妻子指指丈夫："我只要你，你归我，就够了。"

你看看，这一场差点儿可能爆发的硝烟，就在幽默中化解成了无尽的柔情与感动。其实，女人多一份幽默，便是在生活中不知不觉多了一份情感的"创可贴"，它可以避免夫妻间的情感发炎、流血，让爱和幸福恢复如初！

你是真心地爱你的另一半吗？

那么就在婚姻中适当地增加一些调味剂吧。

我们不能把婚姻看成死的东西，它是有生命的，就像一个孩子，等于是两个人的孩子，不是说放弃就能放弃的。

所以，让你婚姻里永远保鲜，才是夫妻，以及往后恋人的共鸣点。

给自己的婚姻加点调料吧，让我们在经营婚姻的过程中延续爱情，让充满了浪漫温馨的爱，在长风破浪中驾驭出平衡，永不疲惫，永不停歇！

第五章

分手吧，
我的刺不是针对你

我怀疑男友背后捣鬼，他暴脾气对我伤害

诗顾

女主角：王冉

男主角：李正奕

分手原因：不信任男友

王冉坐在机场的大厅里，她又在等她的男友——李正奕。

她今天穿了一件昨天和闺密逛街买的白色连衣裙，款式很简单，衬得她原本就白的肤色更加白嫩，她想李正奕肯定会同样喜欢。

时间在机场的广播中过得很快，她看了看手机，时间差不多了……

她把包里的镜子拿出来照了照，嗯，自己精致而不浓艳的妆容，感觉良好。随即她又用手理了理自己的长发和裙子，心里虽是满满期待，但其中又多了一份担忧，她不知道李正奕会不会原谅自己，因为上个月她还为他是不是外面有了人都疏于对她的关心对他发了一通脾气，然后好几天没理他。

但她很想他，这是真的。

王冉和李正奕在一起有四年了，可自从李正奕决定去做飞行员开始，他

便不像以前一样时时刻刻陪着王冉了。

飞行员，大家都知道，他需要全世界各地方跑，近点的地方，远点的地方，飞行员都要去，这和像王冉这样早九晚五周末双休的上班族是不能相提并论的。

李正奕无法和王冉在同一个城市，久而久之，两人的交流越来越少，就连彼此坐下来吃顿饭的共同时间都变得所剩无几，更别提去约会看电影了。

李正奕穿着飞行员制服从机场走了出来，王冉赶紧跑过去拥抱他。她最不能抵抗的，就是这一身"制服诱惑"，它让李正奕多了好几分男人的成熟魅力。

"你还在生我的气吗？"王冉看着有些疲倦的李正奕，小心翼翼地问他。

"生气？"李正奕朝着王冉微微笑道，"生什么气？"

这也是，王冉低头笑了笑，他飞行时间的不稳定，已经有好几个月没有见到王冉面了，自然也是记不得他们上个月吵的架了。

上个月是她的生日，可是她等了一天的电话也没等到李正奕说的一句"生日快乐"，而拨过去电话却显示关机，她太生气了，她觉得异地恋不靠谱，李正奕一定是遇上了好看的空姐，都忘记自己的女友了。

可是她发完火又后悔了，她也能理解李正奕的辛苦，每天不定时就要飞来飞去，也见不着自己。这不，知道李正奕下飞机，她便前来接机，想说些好话。

王冉抬着头，再一次容光焕发，她望着李正奕："正奕，这次你会待多久？"

"待个两三天吧，马上又要飞了！"李正奕拉着王冉的手，撇了撇嘴。

"其实我想过了，我们经常碰不着面也不行，所以我想随你一起飞……"

"哦？"李正奕很吃惊，打断了王冉的话，"王冉，你想随我怎么飞？"

"天南海北到处飞！"王冉果断地说着。

闪着她明亮的眼睛，逗得李正奕乐呵呵地笑："好！来一场说走就走的旅行！"

两个人好久都没见面了，这一见面，所有对对方的爱都融在了脸上，于是在机场，王冉就给了李正奕一个大大的吻，缠绵不停休。

两三天过得太快了，又是李正奕该飞的日子。

像往常一样，他在整理自己的行李箱，检查制服和一些生活必需品。

可这时，也在卫生间整理着行李的王冉开心地哼着小曲，想着和自己的男友在一个机舱里，这份感觉一定特别棒，说不定自己还能一路说话陪伴到天明呢。

她在镜子前装扮着自己，拿走了放在梳妆台上的护肤品和化妆包。她需要的东西很少，因为她早就动起和李正奕一起飞的念头，一个旅行箱一下子就装好了。

"你整理好了吗？需要我帮忙吗？"王冉走出来，看着还在收拾的李正奕。

"不用，马上就好！"李正奕和往常一样，淡淡地说。

"我也收拾好了哦！"王冉吐了吐舌头。

李正奕看了看俏皮的她，露出了微笑："你收拾？你去哪儿呀？"

"和你天南海北闯荡呀！"王冉天真地笑了，"出机场那天和你说了呀！"

"开玩笑吧？王冉！"李正奕抱了一下王冉，"你还真想来场说走就走啊？"

"不是说走就走啊，我前几天交了辞职信，我可是下定决心跟着你飞，这样我们就可以永远在一起了啊……"

"什么?"李正奕有点大声,这让王冉觉得很刺耳,"你……胡闹!"

李正奕的回答显然不是王冉想要的,她以为他和自己的思念一样,会开心地迎接以后的陪伴,但她却被李正奕的一声"胡闹"而弄得说不了话。

谁知两人冷战之际,李正奕的手机不合时宜地响了起来,是同机舱的空姐。

这下好了,王冉一下子就明白了,为什么李正奕会做出这样的反应,为什么他觉得自己的跟随是胡闹了,原来一切缘由都在这个空姐身上。

王冉冲过去想抢手机,却被李正奕闪躲了一下。

"李正奕,你快告诉我!"王冉的声音更大了,"这个打电话给你的人是谁!"

"同事!王冉你别无理取闹了,我要走了!"李正奕按掉了空姐的电话,他没有当着王冉的面接听空姐的电话,而是急匆匆地拿上自己的行李准备出门。

"同事?同事不当着我的面接电话!"王冉也迅速地拿起了自己的行李箱,仓促小跑地去追已经出门的李正奕,"你在瞒着我什么!"

下楼的时候,有一辆白色的宝马轿车等着李正奕,他挥了挥手,对车上的人笑了笑,王冉可是看见了,她拿着行李箱,"啪"地跑到了车头前。

"李正奕,你无耻!"王冉很生气,因为她看见宝马车里的驾驶位置,坐着一个长得特别好看的美女,她气得上气不接下气,李正奕背叛她了。

"王冉你说什么呢你!"李正奕很无辜,他甚至觉得王冉有些无理取闹,"她是我同机舱的同事!顺路接我,一起去飞呢!"

"我说你怎么不让我陪你一起飞,原来早和别人约了!"王冉开始了不依不饶,"是,你们航空公司的空姐个个貌美如花,你觉得我配不上你了是不是!"

"你一天到晚在幻想什么,这是我的工作!工作!你明白吗?"李正奕被激怒了,他的声音很大,怒气很重,"我的工作性质注定我得和她们在一起工作,你别老是怀疑我出轨,怀疑我又和哪个女生在一起了好吗?"

第五章
分手吧、我的刺不是针对你

"我怀疑？"王冉气急败坏，"我生日你没有对我说生日祝福，刚刚又故意不接这个女人的电话，然后你和我说这是我在幻想？李正奕，我真是受够你了！"

王冉受够了李正奕虚伪的爱情，可李正奕何尝不是呢？他也受够了王冉的大惊小怪，以及动不动就怀疑自己跟同事有鬼。

这件事还真没完没了，李正奕以为自己扬长而去，等他过几个月回来后，他们就又可以不计前嫌好好过日子，可王冉却冲进了李正奕的航空公司。

她是去投诉的，投诉那个顺路接走李正奕的空姐。投诉理由是空姐行为不检点，在飞机上还勾引别人的男友。

王冉说得天花乱坠，说到动情处还哭了鼻子，就像是真的一样。

因为这次空姐和李正奕飞的是短途，于是航空公司勒令那个空姐，飞完这次短途后来总部进行调查，并让她暂时停飞。

这件事很快就闹得人尽皆知，空姐和李正奕飞回来的那天，她备受非议，同事们对她指指点点，现在无论她怎么解释都没有办法改变停飞调查的事实。

空姐和李正奕是非常要好朋友关系，为了使得她不停飞，李正奕可是说了好多好话，拖了很多关系，才降低为扣一个月奖金的惩罚。

李正奕觉得自己很没用，但空姐反而很豁达，两人在吃饭的时候互相安慰着对方，却又被王冉逮了个正着！

"哟！有这么大雅兴呢！还在这儿吃饭呢！"王冉看着空姐，醋酸味又浓又烈，"航空公司给你的处罚是不是嫌低呢，一个月奖金不够还想多加点是不？"

这些都是内部投诉案子，只有内部流转和投诉人知道，王冉怎么会知道这事儿？李正奕顿时恍然大悟，原来投诉的人竟然是自己的女友。

他还以为只要等他回来哄哄她就没事儿了，谁知道他们的感情已经升级为了不信任，甚至还害了别人。

"王冉……"李正奕气疯了，自己的女友什么时候这么无理取闹，她总是怀疑自己外面有鬼，然后做出特别可怕的事情，"你太过分了，为什么去投诉她！"

李正奕的脸色铁青，面对着桌对面的空姐，自己的女友给同事带去这么大的麻烦，他几乎用全力吼了出来，他太愤怒了，早知如此，这顿饭怎么可能会让空姐请客，他应该赔一百顿饭啊，一百顿都抵偿不了同事莫名中枪被调查的冤枉啊。

"李正奕，你又骂我，你因为这个女人凶我！"王冉说的话很难听，她呜咽着声音，一脸委屈样，"航空公司的人是找不着男朋友了还是怎的，明知道有女朋友了还倒贴，我就是要投诉她，她活该！"

"啪！"一声，李正奕甩了一个大大的巴掌，声音清脆，掷地有声。

空气一下子安静了，王冉一句话也不说了，她捂着红彤彤的脸，倔强地看着李正奕，她的眼泪豆大豆大地掉。

"李正奕你打我……"过了好久，王冉淡淡地说了出来，"你为了这个女人，你打我！"

"王冉，随我去取消投诉！"他去抓王冉的手腕，却被她一把打下。

空姐意识到了事情的严重性，她挥了挥手，对李正奕说没事儿，不用这样。但李正奕像着了魔一样，他也红着眼睛，又一把抓上了王冉的手。

"我不去，李正奕你给我放手！"王冉这一次可甩脱不了了。

李正奕死死地抓着王冉，他握得特别紧，手腕周围都有了手指的红印。

"李正奕，你这个疯子！"王冉有些害怕了，她大叫着，"你为了这个女人这样对我！李正奕，我要和你分手！"

分手！这个词瞬间让李正奕清醒了。

他松了松王冉的手，她见状拔腿就跑，而怔在原地的李正奕却微微苦笑了。

从头到尾，她连最基本的信任都不肯给自己，她爱猜疑的毛病越来越严重，严重到影响自己的生活、工作，到最后她竟然还感觉自己的发火不是因为她的无理取闹，而是因为他对另一个人的偏袒。

她把他想得太坏了，她一点儿也不了解他。

可即便这样，他竟然还舍不得对她说一句分手。

是，他很爱她，可是爱情在揣测与妒忌中，只会离自己越来越远，最后举步维艰，走向幻灭。

无止境的猜忌与怀疑让两个人堆砌的爱情城堡缺失了城门，城门失守，那么爱情这座城堡就将不再牢不可破。

怀疑，会让自己陷入自己杜撰的剧本中，这些不真实的感受在镜头下放大，愈演愈烈，我们常常会忘了，这一切并不是真实的，只是凭空想象。

女人的第六感强烈，天生敏锐，但一定要记得，当感觉用力过猛就会导致迷失，变得没有安全感，变得一味地去怀疑对方，生生撕裂这场纯粹的爱情。

要知道，生活就是会有磕磕绊绊，吵吵闹闹的现象发生，它们就像是一瓶调味剂，让你的爱情更有味道。但只要我们相信对方，相信两个人的爱情，即使对方不在你的身边，你都会觉得心和他紧紧扭在一起。

他竟然看别的女孩,还拿我和别人比较

水似锦

女主角:周以纯

男主角:封子淮

分手原因:醋意爆棚,小心眼

封子淮穿着白色的衬衫、蓝色牛仔裤,肩背褐色双肩布包沿着小路拐进了那家非常熟悉的巷底咖啡店。

"大杯的。"封子淮一进门便对店长挥了挥手,只要喊大杯,店长就知道他是在要焦糖拿铁,因为彼此早已颇为熟络。

他和女友周以纯就是在这里认识的,周以纯问过封子淮为什么喜欢这家咖啡店,封子淮颇文艺地回答:"因为我想静静。"

"快说!静静是谁?"周以纯的小嘴嘟得老高,都碰到鼻尖了。

后来,周以纯才发现,这里是个美女集散地,文艺风、田园风、御姐风,各种口味,统统都有,而她却总觉得封子淮是在享受,这足以让她将巷底咖啡店打造出一个巷底酿醋坊,还真是醋味连天!

"封子淮!你又迟到。"女友周以纯坐在两个人熟悉的那张咖啡桌前,她的

第五章
分手吧，我的刺不是针对你

身边坐着一个女生，面容姣好，一袭长裙，长发如瀑，学院范儿十足。

封子淮坐在女朋友周以纯的面前，轻巧俏皮地朝她挤了一下左眼。

周以纯笑了，她根本抵抗不了封子淮的小痞劲儿，瞬间就把他迟到的事抛出九天。

"啊，我来介绍，这是我室友，素影。"周以纯会心一笑。

封子淮礼貌地伸出手，给了素影一个特别温暖的笑容，"你好，封子淮！"

素影脸微微泛红，周以纯很喜欢和这样单纯简单的姑娘玩，可她却发现封子淮从进门到现在，视线无时无刻不在素影身上。

"子淮，下个月正好放几天假，我们去不去露营？"周以纯一把握住了封子淮的手，随后对素影眨了眨眼，好像是故意在她面前秀恩爱。

说起露营，封子淮是个不折不扣的户外迷。可当他得知素影这样的娇小女子在某一次夏令营活动中竟然一口气登上了黄山山顶时，两人的聊天就变得越来越有趣，从光明顶聊到了云谷寺，再从云谷寺聊到了"猴子观海"，大有相见恨晚的意思，自然而然地忽视了那个待在一旁且满腔酸味的配角周以纯了。

"好，素影，就定下月，咱们露营见！"封子淮乐呵呵地笑着。

把一切看在眼里的周以纯特别不乐意，她狠狠踢了踢他的小腿，把手里最爱喝的卡布奇诺往桌上一摔，大声豪气地喊着："店长，你家的卡布奇诺怎么变得这么难喝啦！"

幸好店里没什么人，店长赶忙跑过来："姑奶奶，小点声。"

店长拿起周以纯面前的卡布奇诺闻了闻，不停摇着头皱眉小声嘀咕着："没问题啊，不应该啊。"

"嗯！是不对，你再闻闻！"封子淮在旁边插言道。

"哪不对？"这时店长和素影的目光齐刷刷地盯着封子淮。

"好端端的一杯卡布奇诺干吗放醋进去！"封子淮在憋着笑，"酸死啦！"

"你俩今天这又是闹哪样啊！"店长一脸茫然地看着这对情侣，哭笑不得。

于是咖啡桌前，封子淮和素影笑到腹肌痉挛，唯独周以纯笑不出，脸比番茄还红。

回家后，周以纯看见封子淮发来的短信："我发现你闺密素影的那件碎花裙挺好看的，你啥时候穿个裙子给我瞧瞧？"

素影素影素影，全世界都是素影！

周以纯想起年幼时长辈常常这样讲，每次教训人总是说别人家的孩子怎么样。她看了看镜子里短发像个假小子的自己，瘪皱着嘴，折了折衣服咕哝道："这不比那裙子好看多啦，就知道拿我和别人比较，真是的！"

周以纯与封子淮的爱情也随着封子淮的反复讨饶和送花送礼物给弥补了过来，可是周以纯这吃醋的小性格哪里能变得了。

可不，在与封子淮逛街准备购齐露营装备的时候，周以纯又看见封子淮对着穿连衣裙的女生两眼放光，她气急败坏，于是跨步进了一家服装店。

"我想试一下门口模特身上那件连衣裙。"

"呦呵！这是任督二脉被打通了吗？这世界变化太快了，让我缓缓。"封子淮一脸吃惊。

"少贫，人家可是百变女神，是你有眼不识金镶玉！"周以纯摆摆手敷衍了过去，实则她才不想给封子淮看别的女生的机会，她也应该是个穿着裙子、晃着小脸蛋，来个淑女变变变！

周以纯换好裙子，站到镜子前等待着优质好评！

第五章
分手吧，我的刺不是针对你

"漂亮！我就说吧，你穿裙子迷死人了！"封子淮眼前一亮，"唔……好像还缺了点什么！"封子淮歪着脑袋，看着瘦小玲珑的女友，"啊！对！一头长发，你闺密，素影，那一头秀发，乌黑浓密，perfect！"

"去死吧你，封子淮！"周以纯晃了晃自己的短发，"比比比！你上辈子是不是被人比死的，这辈子和比铆上了是不是！"

"姑奶奶，我就这么一说啊！再说纯纯和谁比都秒杀一切，唰！"封子淮做出了一个手起刀落的动作，这下逗乐了周以纯，一顺势揽住了对方。

但周以纯却死死地放在了心上，她是个多么完美主义的人啊，她不能忍受自己的男友和自己出去玩的时候，眼睛里还看着别人，嘴上还扯着素影！

露营的当天，一并同去的都是周以纯的室友们，包括素影在内，周以纯本来是不想去的，她对"比较"这个词开始心有余悸，有阴影了。

车子在盘山公路上来回盘旋，熟悉的调频广播有时信号不畅。大家开始聊起身边的故事，来打发途中倦意，唯独周以纯戴着耳机，假装睡觉。

周以纯如今有点不合群了，因为她总是害怕哪个话题会被勾起一大串比较，那她可崩溃了！

"以纯，你咋不和大家聊天呀，你看素影她们聊得多开心，这才是旅途的乐趣嘛！"封子淮开着车，他用后视镜看着周以纯。

周以纯故意侧了一下身，将头埋得更深了，忽然间她有了一种女人独有的预感，他又来了："素影素影素影，你看人家你看人家……"每次的这些重复语，都会让任何惬意的旅程变得异常煎熬。

好不容易到达了扎营地，大家一起将东西从后备箱里拿出来，炊具、食品、帐篷、被褥，还有一些零零散散的小东西。

大家着手搭起了帐篷，周以纯自然和封子淮一个篷，可这扎篷的事儿可难坏了她，她拿着重重的铝杆不知所措，却发现封子淮在呼喊她："以纯，过来看看！"

周以纯放下东西，她大步地走过去，脸色有些不好看："只会和别人搭讪，也不先为我搭个篷……"

"以纯你看，素影这帐篷搭得挺不错的吧?!"封子淮夸奖着。

"哪有，以纯那么聪明，也一下子就会学会啊！"素影讨巧地说。

"以纯你看看，人家素影爬过好几次比这还要高的山呢，你要多多锻炼啊！"看着封子淮佩服的样子，素影的脸又微微红了，但细看周以纯的脸却从白到青了。

素影素影素影，全世界都是素影！就知道拿我和别人比较，真是的！

日渐晌午，山里显得格外空灵静谧，大家拿出烤炉开始了烧烤。素影井井有条地整理东西，这娴熟的动作又引起了封子淮的注意，他想着周以纯曾经做菜时把厨房弄得一团糟的惨景，不禁傻傻地笑了。

但这一幕，却被周以纯捕捉在了心里，她掐了掐自己的手，将自己快烧到头上的火压低了一点，朝着素影狠狠地白了一眼。

"给！"封子淮将亲手烤好的肉串递到周以纯手上，"味道怎么样？"

"我男友做的，好吃好吃！"周以纯故意矫情了一把，惹得室友们纷纷丢来纸巾，"哎哟，我这沉浸在幸福爱情的滋味，你们谁懂哟……"

这故意撒娇的声音煽动着大家躁动不安的心，封子淮摸了摸周以纯的头，溺爱地笑着："以后啊，你要学着自己烧着吃！你看别人……"

又是别人！又要比较！

第五章
分手吧，我的刺不是针对你

素影素影素影！全世界都是素影！

这次，还没等封子淮说完，周以纯立马大变脸，她摔掉竹签大吼："封子淮！"

好像事情变化太快，众人都杵在原地，大气不敢出。

"以纯你怎么了啊！我又说错话了？"

"你大错特错了！"周以纯转身就跑到了很远，留下了大家呆若木鸡的眼神。

"哎……以纯你等等！"封子淮紧跟着周以纯离开了大家烧烤的地方，"以纯，你看你，怎么突然这么小心眼呢？正在吃饭呢，搞得大家多尴尬呀！"

"我小心眼？我这不就想着我们可以纯粹点爱吗！"周以纯甩开了封子淮上前想拉她的手，"你说，你到底知错了没？"

"错错错，我错了，还不成吗？"封子淮用着耐心，哄着周以纯。

"你看你！敷衍！你喜欢素影了是不是！"周以纯委屈地含着眼泪，"你说你啥事都牵扯着素影，还拿她和我比较，去吧，你去货比三家吧！你去优胜劣汰吧！老娘不玩了，我不是你的孙膑，玩不出你的田忌赛马！"

"什么喜欢素影，你都在乱七八糟想些什么！你这醋也吃得过头了吧？"封子淮也有些窝火，他有些扛不住眼前自己女友毫无预兆的脾气。

"比较比较比较，素影素影素影，我的脑子里全是这些字！"周以纯指着自己的脑袋，狠狠地掉泪，狠狠地说。

"那是你自己小心眼！"封子淮脱口而出。

"我是小心眼，你就是瞎了眼！整天就知道看别的女生这好那也好，我的好你一点也看不见！"周以纯大叫。

"有完没完了！"封子淮也吼起来了。

"完了，我告诉你，我们完了，这次你满意了吧！"周以纯嗓子哑了。

山谷里都是他们两人的回声，他们站在山顶上，嗅着这让人清醒到快要窒息的空气，寒风呼呼吹，沉默中封子淮好像听到周以纯哭了。

但他们两个人，却谁也不再开口与对方说一句话。

这次露营很失败，室友们本想多玩几天也只能草草作罢。

返程路上，周以纯坐在了汽车后排的位置，一路不语。

她戴着耳机，瞥了一眼英俊帅气正在开车的封子淮，耳边循环播放着让自己想哭的旋律，那一刻，她觉得自己很委屈。

不就是不想老是从封子淮的嘴里听到素影这两个字，不就是自己挺完美主义，不想让自己与封子淮的爱情中间夹杂着什么东西吗？怎么在封子淮看来，这就是吃醋到没边，这就是小心眼爆棚！

周以纯将头倚靠在车窗上，车外的风景一闪而过而她却没能好好欣赏。

故事里那个叫周以纯的女孩，我们曾变身过她吗？开始的时候我们觉得那是处处为他设想，他喜欢的就是我喜欢的，他在意的也是我在意的，于是我们会觉得在一场爱里女孩不小心眼不妒忌的，那根本不能算是爱情。

我们可以以任何方式去维系我们的感情，而不是一味地妒忌与猜疑，所有的负面情绪只会让感情向危险的边缘步步靠近，我们可以偶尔撒娇任性，可以有时耍耍性子闹闹情绪，但是不能没有一颗容纳爱的心。

在爱里百般吃醋挑剔，却对自己的横加责怪过分纵容，那么这一切就像是玩了一个过火的游戏，而最终，我们会失去了控制这个游戏的权利。

所以，最美好的爱不是用无谓的方式去伤害，是要学会去相信，学会去宽心。

脑补了小说剧情，两人于是分崩离析

华子

女主角：李薇薇

男主角：陆森

分手原因：幻想对方做了对不起自己的事情

陆森已经在女生宿舍楼下站了将近一个小时，深冬里凛冽的寒风毫不留情地侵袭他的身体。他跺跺脚，搓搓冻僵的手，把脖子上的围巾紧了紧。

那围巾是他的女朋友李薇薇亲手织的，虽然手工粗拙，但他一直都戴着。

在他们交往的一年多里，他们已经闹过至少十次分手。而每次，薇薇闹完哭完生气完，陆森解释完证明完发誓完，他们又和好如初。

就像这一次，薇薇说了分手，陆森也觉得不例外。

桌上的手机被调成静音，但是屏幕隔一会儿就亮一下，是陆森打来的电话。薇薇走到阳台朝楼下看了一眼，果然见到陆森站在光秃秃的木棉树下，可是她的气还没消，"啪"地关上了阳台的玻璃门。薇薇选择了置之不理。

到了快吃晚饭的时候，陆森还在楼下，薇薇有点儿吃惊，她没想到陆森会等了这么久都没走。

"薇薇,你听我解释。"这句对白,陆森都不知道自己曾经说过多少遍了。

"还需要解释吗?不要告诉我,我看到的不是事实!"尽管薇薇还在生气,并且嘴上说不想听解释,但她还是停下来和他说话。

"确实不是你想的那样,那个学姐只是想在歌唱比赛上有些创意,所以才拜托我教她弹吉他,我们根本就没有暧昧,你相信我。"陆森很认真地解释。

"就算是这样,你有必要和她靠得那么近吗?"薇薇听完陆森的解释,心里松了一口气,但面子上还是过不去,她就是见不得他对别人好。

陆森见她气快消了,便趁势搂住她的肩膀:"好好好,是我的不对,我答应你不再靠近她。"

薇薇性格敏感,追求完美,不愿有一丝一毫的背叛,这些,陆森是知道的。

可是他爱她,她每次和他闹分手,他都觉得不是难事儿,只要他耐心解释清楚,哄哄她因为生气、嘴硬才会说出的赌气话,那么一切又会雨过天晴。

他觉得自己能够包容她,还有这些小毛病。

"看在你这么诚意忏悔的分上我就原谅你,但你得答应我,不再教她弹吉他。"

薇薇的这个野蛮要求,陆森没有马上答应,他犹豫了。因为需要告诉别人教到一半的吉他因为自己女友吃醋所以决定作罢,这个理由似乎有些说不过去。

薇薇见陆森半天没反应,便又开始了胡乱猜想:"我看你根本就是对她有意思,想要继续教她吉他对吧?我的要求很过分吗……"

"行行,我答应你,我不教了!"尽管陆森觉得薇薇的要求的确过分了,但他不想因为这点小事而使他们之间的感情又陷入僵局。

"我怎么觉得你在敷衍我?"薇薇钻起牛角尖来。

陆森马上信誓旦旦地说:"我没有敷衍,我发誓!我不再见她!"

薇薇这下才放心,她挽起他的胳膊,脸上露出了大大的微笑。

薇薇有个闺密叫子心,托闺密的福,薇薇认识了陆森。

那时陆森是学服装设计的,而薇薇是外语系的。碰巧两个系在期末考试完后举行了一场联谊晚会。薇薇听子心说校草就在服装设计,而且还会参加演出,于是两人争抢着毅然决然去报了名,美其名曰:看帅哥。

虽然嘴上大大咧咧,但其实真实的她却并没有谈过恋爱,对于爱情,她有着美好的幻想。她希望能够在联谊会上认识校草。

可是校草是看了,自己却没逮着机会说上两句。倒是闺密和校草非常来电,两人还相约联谊结束后去大排档吃夜宵。

自然,薇薇也被拖着去了。

大排档的生意非常红火,他们到的时候已经没有空桌子了,子心提议拼桌,于是,薇薇就这样认识了陆森。

那天子心喝多了,校草学长喝大了,两个人的神经泡在酒精里,说了好多私定终身的话。最后,是薇薇和陆森各自搀扶着他们回去的。

当时薇薇和陆森都觉得,两人为别人做了一把十足的红娘,但自己却好像在爱的世界里被弄丢了。因为想法的不谋而合,两人开始频频交往。

陆森发现薇薇特别好找,好像永远也丢不掉,因为她是小说控,薇薇要么在寝室看小说,要么就是在去图书馆借小说的路上,陆森一抓一准。

两人恋爱的时候，薇薇也总是沉浸在小说的情节里，悲欢自已。

然后陆森就会陪在她身边为她擦眼泪，薇薇问陆森，会不会像故事里的男主角那样狠心决绝、抛弃自己，陆森听完这句话，一把便揽过薇薇，他看不得薇薇的神伤和憔悴，心里疼得像裂开了一样。

然后他告诉她，只要她不提分手，他绝不会离开她。

这不，一次教学姐弹吉他的午后，薇薇肿着眼睛看着学姐凑得陆森特别特别近，两人之间暧昧极了，她果断对陆森提出分手，再也不想和他说话了。

其实，薇薇自己也心知肚明，其实她每次说分手，和他闹脾气，都是出于赌气的心里，一出口她就立马后悔了。她知道有时自己做的事有些过分，甚至对陆森她也过分了点，但她心里没底，她很害怕陆森会不爱她，会先提出"分手"，她不能容忍她的爱情历程中有任何一个小小的黑点。

教学姐吉他的风波好不容易过去后，薇薇又开始了重蹈覆辙，她的坏毛病又犯了，她时不时把小说里看来的情节套在她的猜测里。

她的爱情随着小说变幻莫测，她中了小说的毒，而且越来越深，蔓延到五脏六腑，七经八脉。

最后，果不其然，两人还是分了手。薇薇从那天开始再也不泡小说了。

别人看《失恋33天》大多流泪，薇薇也不例外，但是仔细看，她除了无比地难过悲伤外，眼泪里竟全是追悔莫及。

故事是从薇薇打图书馆借回《失恋33天》的小说版本开始的，相比电影她更喜欢小说，她可以解放思想，信马由缰地去想象每一段故事里的场景。

那段时间，她觉得自己到处都是黄小仙的影子，她渴望陆森就是王小贱，但是与她相处的陆森，发现越来越像陆然，他和子心走得挺近。

在食堂吃完饭的小路上，薇薇走在前面，陆森和子心走在后面，窃窃私语。薇薇一回头，两个人立刻噤声不说话，愣愣地看着薇薇。

薇薇转过头继续向前走，但头脑里不自觉蹦出了一个画面：陆森和子心在自己的身后牵着手，讲着甜蜜的情话。

烈日当头，薇薇却不禁被自己的想法吓出了一身冷汗，她马上回过头来个突然袭击，两个人又被吓得愣怔站在原地。

他们的表情有点慌，薇薇那刻就认准了，他们俩，一定有事！

在寝室楼下，陆森不顾薇薇的猜疑表情，偷偷地给子心做了一个手势：右手放在耳边攥成了一个"六"字，晃了晃，意思为电话里再说。

薇薇可不傻，她余光瞥见了两人的暧昧动作，"唰"地回过头，看见陆森将攥紧的"六"字形手立马放下，薇薇愤愤地想：这两个人，一定有问题！

薇薇躺在寝室的床上，她翻着《失恋33天》，她觉得自己应该先知先觉，千万别成了像黄小仙一样的傻子，分手的时候不管不顾自己的难堪，拼命追着陆然的车子后面奔跑，太狼狈，最后成了笑柄。

她知道，距离自己的生日越来越近，可陆森一点动静也没有，他大概是忘了，忘了或许是因为不在乎，不在乎或许是因为有更在乎的，她觉得他和子心之间的距离越来越近，近得好像自己成了第三者。

生日前一天，陆森还是没有一点动静，薇薇坐不住了，她给陆森打电话，电话正在通话中，再打还在通话中。

三分钟前，子心来了一个电话，她先是下意识地抬头去看上铺的薇薇，见薇薇在看书，于是她刻意跑到走廊去接电话。

薇薇见状，偷偷地下了铺，躲在门口，听着走廊里的动静。

子心在走廊里走来走去，声音忽远忽近。

"好，我们地铁口见。"

"没事，我找个理由说出去一下，我想她不会跟来。"

"放心吧，好啦，好啦，不说了，这儿说话不太方便，她就在寝室里呢。"

子心的警惕性很高，说话时总是很小心地看向寝室门口。

薇薇确定了，那个她一定就是自己，她不敢相信陆森会背叛自己，她再一次拨打了陆森的电话，那头却一直占着线。

谁知，当子心挂掉电话，薇薇再迅速把电话拨给陆森的时候，天啊，电话通了！薇薇的心全凉了，她觉得自己好像被扔在了冰天雪地中。

于是她决定跟踪子心，她要知道两个人的这些关系已经进展到什么地步，即便她的心里像幻灯片一样不停放着各种情节，没什么好结局。

她在学校附近的地铁站发现了陆森和子心，两人相约在了地铁站，有说有笑。

薇薇远远地隐蔽在了人群里，她的浑身都在颤抖，她受不了这样的欺骗。

薇薇一路看他们去百货商场逛了一圈，然后提着大包小包又去了花店。直到她看到他们进了一家酒店，她脑子瞬间浮现出一些小说里充满激情的画面，一点儿也不美了，薇薇反倒觉得他们真恶心。

薇薇贴在门上听着里面的动静，双耳生风，眼泪都快成红色的了。

当陆森和子心有说有笑在酒店的走廊里和薇薇迎面相撞的时候，他们脸上的笑容瞬间凝固，薇薇的眼睛肿得已经成一条缝，她的眼影是花的，她的脸也是花的。

第五章
分手吧，我的刺不是针对你

陆森走过去，刚要开口，结果被一记耳光扇得险些失聪，满眼金星在原地打转。

子心不禁走上前，嘴张到一半，又是一记耳光，那刻的力道让子心觉得自己被毁容了，脸上的肉都快裂开了，裂出一道巨大的缝隙直抵心脏。

没等子心从第一记的疼痛中缓过来，薇薇咬咬牙觉得不过瘾，于是第二记呼啸而来，这时千钧一发，陆森抓住了薇薇的手，两个人同样带着愤怒，拉扯在了一起，薇薇被推倒在了走廊里，头磕在了垃圾桶上，血从额头上涌了出来，薇薇转身就跑，子心和陆森在后面追。

可是一个人要是想逃，谁也抓不到；一个人要是想躲起来，谁也找不到。

就这样，薇薇消失了，再也没出现过，她消失在了陆森和子心的世界里。

时过境迁，和陆森分手有一大段日子了。

有天薇薇闲着无聊，开始翻人人网，好久没有上人人了，她害怕触碰到自己过往的伤口，那里面有太多和子心、陆森的回忆碎片。

如今她的人人里全是灰尘，一翻开就呛出眼泪，越翻越辣眼睛。

忽然，她的手指停止了翻页，她的双肩抖得厉害，她开始哭，最后是号啕大哭，哭得床在摇晃，最后世界开始不停地旋转摇晃。

页面停在了她和陆森分手的那天晚上的一个视频里，陆森站在酒店的房间里，子心愉快地充当摄影师，房间被两个人布置成了薇薇喜欢的样子，淡蓝色的背景，搭配着白色的气球，整个房间唯美、温馨、甜蜜。

视频里，陆森害羞地对着镜头说："宝贝，我要给你个特别的生日惊喜，相信你一定会尖叫，你一定会爱上它，然后我要告诉你，我要和你永远在一起。"

薇薇回想起，那日，她就站在酒店的走廊里，她确实尖叫了，但她却在还没有开启自己的生日惊喜前尖叫了，她撞见了两人，她脑补了小说故事，然后对房间里陆森和自己的闺密在行的苟且之事深信不疑。

她恨死了那些小说，不！她是恨死自己了。

从那天起，薇薇再也不泡小说了，她中毒太深，需要用生活去排毒，用双眼去看世界，她不愿再在无休止的小说情节里挣扎了。

我们终于会知道的，小说就是小说，它生根于生活，但枝丫却伸向了天空。

如果有一天我们把爱情写进小说里，那时爱人会以你为荣，幸福来了。可如果我们把爱情活进了小说里，那时爱人便会离你远去，那么灾难就来了！

爱情是一枚水晶，它没钻石那般坚硬，但只要我们小心呵护，它就会绽放出钻石的光芒，照进生活，别样美丽。

可一旦爱情水晶被两个人敲碎了，它的冰冷是冰进骨髓的，它的尖锐是痛进神经的，这些感触，当薇薇看完视频后警醒了，她终于明白了。

但愿这一切，都还不算太晚。

眷尔的治愈小语：褒义地运用完美主义

女人们天生就是为爱情而活的，所以在爱情里面，女人们永远觉得自己是弱势群体，爱得越深，越觉得自己是受害的一方。女人们害怕受伤，就像她们会觉得自己若是在爱里输了，受伤的一定是自己。

所以不少女人的精神世界是很敏感的，就如同我们前边故事里可以看到，王冉捏造了一个假的小三对象，将矛头直指李正奕；又或者如周以纯的小心眼怀疑自己的男友封子淮和她的闺密好上了；又或者爱看小说的李薇薇硬是幻想将小说的故事情节生搬硬凑到了生活中……

现实生活中存在太多脆弱的女人，她们通常不将自己的爱理解为无理取闹，因为她们容不下男人们在爱里有一丝一毫的背叛，她们说这是她们的完美主义。

于是很多人都觉得"完美主义"特别挑剔，一个不如意就会挑刺到方方面面，可其实不然，女人们通常将"完美主义"藏在心底，不到万不得已，她们是不会拿出来的，而且只会埋藏在心里久久地折磨自己。若是一旦要拿出来，便是强烈的爆发，力量强大，足以分分钟拆散一对是一对。

每个女人都希望自己找到一个对的人，甚至连爱情都要是正确的。她们会怀疑，是否每个男人都有"出轨"的预兆，只是有些老实本分的男人，暂时没有机会作恶罢了，等待时机成熟，他们一定桃花盛开。

是这样，若是男人本身便是一个花花肠子，那么你觉得你再改变什么他还会回到你身边吗？或者你还会拉得回他的心吗？

更何况我们这些故事里的，男生还没出轨呢，女生就开始幻想那些不存在的片段了，这份爱情面临的岌岌可危，甚至最后的分崩离析，根本怪不得这段爱情，怪就怪在女人们的患得患失。

没有一个男人喜欢在你身边听你的怀疑、揣测、不满以及幻想。

男人是爱出来的，而最深的爱不是告白，而是信任。

据调查，恋人们之间存在的猜忌，往往是因为缺乏双方信任。

当婚姻里，当爱情中，两个人之间有互相猜忌的苗头时，猜忌的一方一定要多给予对方更多的信任，给对方更多的自由空间，不要盯着他/她的"犯罪"事实扩大了原本想解决的状态；而被猜忌方也不要因对方的猜忌而恼火，应该有意地展示自己的清白，用自己的行动消除对方的疑云。

这样时间长了，双方就能互相赢得对方的信任，夫妻间、恋人间相互猜忌的矛盾也就慢慢解决了。只有双方以心换心，完全信任对方，完全将自己交付过去，那么才能保持夫妻感情的历久弥新。

因为我们都知道，"信任"一词在词典中的解释为：相信而敢于托付。

在一个女人的完美世界里，若是觉得真的信任一个男人，那么她便一定会将自己的所有交给这个男人。

于是，这样的信任就会潜移默化在两个人中间氤氲，然后产生了爱的交融。男人得到了这份爱的传递后，转化到脑海里的思想便是：啊，我在你心里原来占着如此重要的位置，我的一切你非常欣赏。

当男人有了这样的思想，他觉得你肯定了他的能力，那么他就会将自己所不熟悉的优秀品质发挥出来，久而久之的爱情、婚姻也会因为你的宽容与鼓励，因为你的理解和接纳而变得更加有声有色。

（1）拥有平和的心态

女人们的猜忌怀疑，甚至幻想分手，都是因为她们存在着太多的不安全感，若是能将自己的心、自己的爱情全身心投入男人身上而失去自我，那么结局只会让自己做出的卑劣行径暴露无遗，令人厌恶。

记住，信任是一切爱情甜蜜的象征。

男人有自己的圈子和工作，还有熟悉的亲人和同事，偶尔的派对狂欢，偶尔的联谊约会，成了忙碌生活里的调味剂。而傻女人总是会抱怨男人对自己的不呵护，只知道陪别人都不知道陪自己，但聪明的女人不会这么说，她会潜移默化调整男人良好的作息习惯，让男人随时随地想到她，给她报备一下自己的动态，临时决定的事儿也会在方便的时候电话告知，让女人这颗牵挂的心平安落地。

而那些凭空捏造的怀疑，和因这些怀疑而束缚男人的举动，既不高明又缺乏情趣。所以，女人们应该保持一颗良好的心态，用一颗宽大的心看待爱情，不要试图将自己的幻想对象强扣在眼前这个爱你的男人身上。

（2）身处爱情，享受爱情

傻女人总会被爱情玩弄于手心中，但聪明的女人却把爱情把玩在手里。

在爱情里，女人应对男人表达自己的忠诚度，而男人应该对女人表现自己的责任感，二者相辅相成，具有通性。一旦女人觉得男人在对待这份爱情不负责任，仅仅只是玩玩罢了，那么女人便会深究其原因，甚至会拿出自己爱幻想的看家本领，开始了自己的无理取闹，为什么你对我的爱情只是玩玩？是不是你有了新的目标对象？又或者你串通了别人，让我做一个爱情的失败者？

所以，两个人平时传递的沟通、相待的坦诚，是让这份爱情不至于分崩离析的办法。但，亲爱的女人们，不要总是指望男人会一直迁就自己，不要总是觉得自己怀疑、揣测、幻想有的没的，那是理所应当，那是出于对男人的爱。

很多女人都说，我因为爱他，所以折磨他，所以怀疑他。

那么换个角度想，一次两次，男人觉得这是生活调味剂，谁没有吵架的时候呢，但这样的次数越来越多，且在彼此心里的埋怨越积越多，两人就会面临着分手的结局了。女人啊，任何时候都要有个度，不然肯定会适得其反。

让我们尽情去享受爱情，而不是利用自己敏锐的"第六感"，举着"爱你"这个理所当然的牌子，肆意地去摧毁你我之间的爱情。

所以爱一个人，是用你最完美的面貌、心情，用你自己对自己的完美主义，将"完美主义"达到褒义概念，即是将自己最完美的一面展现给对方，而不是用自己苛刻的完美标准来衡量别人，但自己却不列入评价。

第六章

分手吧，
我比爱你更爱自己

他觉得我吃饭的时候一点儿都不淑女

蓝雾

女主角：林言

男主角：苏平原

分手原因：吃货的幸福他不懂

有三种美食，对于苏平原来说也许这辈子都不会再去碰了，麻辣小龙虾、孜然小排和五彩粉丝这三款美食的巨大阴影已经完全笼罩进了苏平原的人生。

当然，对于女朋友林言来说，损失更加巨大和惨痛，三种美食丢了一段姻缘，唯有美食和爱不可辜负，林言万万没想到，她的爱和美食结了这么大一个梁子！

那日，林言拽着苏平原又去了那家热火朝天的麻辣小龙虾店。因为经常光顾的原因，老板对林言这个重口味的吃货姑娘也尤其记忆深刻。

"姑娘来啦，两份小龙虾，超辣多放红油？"林言和苏平原刚坐下，老板就笑容满面地招呼着林言。

林言频点头，她目不转睛地看着菜单，一气呵成地又点了一堆，然后抬起头来问苏平原："你要点什么？"

苏平原拼命地摇头，老板在一旁看着这对小情侣哈哈笑。两个人每次来这儿都是这样，林言总是不停地点头，点餐的时候对于老板的推荐点头，上菜对菜品的卖相点头，动筷开吃对好味道不停地点头。

而苏平原总是不停地摇头，点餐时被林言超量的点法摇头，上菜时对于每上一盘林言都要狂拍不止而摇头，开吃后对林言的吃相一直摇头到离开，那头摇得，估计脑仁都快从耳朵眼里摇出来了！

其实苏平原对麻辣小龙虾倒是没那么拒绝，只是他太忌惮林言的吃相了，一盘麻辣小龙虾，林言一顿风卷残云式，根本不用筷子，两只手不停地扒，不停往嘴里塞的时候，还能兼顾往苏平原的嘴里送，真是技艺高超。

两人恩爱倒是恩爱，可林言那吃相，满嘴辣红油，辣得一头汗水，两只手沾满了辣椒汁液，不敢在脸上乱擦，所以苏平原整顿饭最繁重的任务就是要不停帮林言擦汗。

两个人这一顿小龙虾吃得"画面太美"，苏平原每次都不忍直视。苏平原一直想不明白，那么可爱的林言为什么遇到美食就会吃到自毁形象这地步。

苏平原问林言，要不要每次人生得意了，哪怕是考驾照笔试顺利通过这种小 Case 也都要来这家小龙虾店庆祝一番呀？

林言美滋滋地摇晃着小脑袋，对于吃货来讲，最好的犒劳就是吃，无所忌惮地吃美食。

林言吃得无所顾忌，没心没肺，可苏平原心里却正盘算着下周末带林言回家看父母的事，父母已经不止一次提出这一个意向，让苏平原找个周末带着新女朋友回趟家，设下一桌家宴，父母都是比较传统的人，在他们看来自己家孩子和人家姑娘交往，带回家来款待一番表示出来自家庭一份诚意是理

第六章
分手吧，我比爱你更爱自己

所应当的。

苏平原一直觉得林言是完全拿得出手的，无论是长相还是性格，绝对是上得厅堂，下得厨房的好姑娘。但是当父母说要设下盛宴的时候，苏平原眼前一黑，他如今深知一桌美食面前以目前的林言来说，那场面，那后果……

完全不可控。

想到林言搞不好会用手抓起老妈最拿手的干锅鸭头捧着吃的时候，又想到林言搞不好会把老爸最拿手的北京鸭汤放在鼻子尖前闻一闻猜底料的时候，苏平原后背冷汗哗哗往外涌。

"可乐，可乐，冰可乐，快快快！"林言被辣得嚷着要喝的。

苏平原的思绪被拉回到了小龙虾店里，他起身在身后的冷柜里拿出一瓶可乐打开，递给林言，刚要开口提醒林言慢点喝。

林言一把抢过可乐，仰起头咕咚咕咚，见底了！

苏平原摇头，猛烈的碳酸饮料鼓出林言一个巨响亮的饱嗝，响彻整间狭小的小龙虾店。

苏平原低着头，他真想找个地缝钻进去，每次来小龙虾店都是这种效果，唉！眼看这小周末迫在眉睫，苏平原一筹莫展。

"我上次传给你的《舌尖上的礼仪》你看了没？"苏平原问。

"哎哟，看了，那东西也太假了，那么吃饭还不累死！"

"怎么累死了，你看大家不都那么吃饭吗？也没见到哪个吃着吃着就累死在餐桌上了呀！"苏平原大为不满。

"那是他们不懂，真正的美食是不会被一切形式主义的烦琐礼仪所束缚的！"

苏平原一声长叹，一头倒在椅子靠背上，双眼看着天花板。觉得这个世界给他出了一道最大的难题，近乎无解。

"我真不理解，我吃东西干吗要学别人，我一直这样吃东西不挺好吗？你认识我的时候不就这样吗？"林言撇了撇嘴，又拿起了一只麻辣小龙虾。

说到两个人相识，想当初苏平原喜欢上林言并不是小说里那种一见钟情，而是觉得这个世界上怎么会有这么可爱的姑娘。谁也不会想到两个人在一起的丘比特之箭竟然是一碗五彩粉丝！

那天，林言去公司楼下的餐厅吃最Q最弹的五彩粉丝，林言连吃了五天，那天是周五，她拿起粉丝，一端上来就开吃，一边吃一边研究一边看表，她打算学回去晚上就做给老妈吃，老妈或许这一高兴，赏几张美食经费，这对吃货来说可是最重要的经济源头，有资金空间才有继续发现美食的可能。

粉丝果真口感最好，弹性十足以致口感超赞，但是也因为弹性十足以致效果劲爆，粉丝在一拉一扯中依靠本身的弹性将辣椒油弹在了对面苏平原的身上。

苏平原，一年去写字楼楼下餐厅吃饭不超过五次，缘分这东西就是这么奇妙，连续两天去餐厅吃饭都和这姑娘坐对面，周五那天，苏平原穿着白衬衫。结果，雪白色的衬衫上被林言画上了一道完美的辣椒油弧线。

林言一路追着生气的苏平原要白衬衫，苏平原不理她径直回了公司，可林言倒是执着，在公司楼下喊，引起公司里轩然大波，大有一浪高过一浪之势，苏平原没办法，换了件衬衫，把脏了的白衬衫递给了林言，打发走人。

林言说周一午饭的时候会在楼下餐厅等苏平原，还衬衫，请吃午饭谢罪。

苏平原草草答应下来，可周一的时候苏平原早把这事给忘了。林言则在餐厅等了整整一中午也没见苏平原。

第六章
分手吧，我比爱你更爱自己

晚上，苏平原在公司加班，忽然听到门口有人喊。

"苏平原！有你的五彩粉丝！"林言站在苏平原公司门前大喊着，丝毫不管苏平原那些正在窃窃私语看热闹的同事，"超大碗哦！"

其实以苏平原的身份和相貌，不缺女生的礼物和约会纸条，但别人送的那都是礼物，门口这女生竟然别出心裁，连续几次竟然送的都是不值一提的五彩粉丝！

苏平原走出公司门，拉着林言就往电梯间走："大姐，你这是闹哪样?!"

苏平原已经被加班折磨得焦头烂额，现在又遭遇这么一出，一脸的不高兴。

林言将白衬衫还给了苏平原，然后将一大份五彩粉丝递给了苏平原。

林言举着一份巨大的五彩粉丝杵到苏平原面前，苏平原吓坏了，说了句："想干吗？少来！"

林言一把抓过苏平原的手告诉他，自己就站在苏平原面前，她特意多放了辣椒油，而且把粉丝紧紧缠在了筷子上，这下你只要用力一拉，保证可以报仇雪恨。

苏平原被逗乐了，真有意思啊，从餐厅那次就发现了这个吃得一脸满足样的女生，是这样一个率真可爱的妹子，让他的心有点微微荡漾。

接下来的日子里，苏平原去楼下餐厅的次数明显增多，甚至超过过去几年的总和，渐渐地他开始期待在餐厅能够偶遇林言，有时林言不来，一顿午餐吃得若有所思，总觉得味道不对。

偶尔苏平原在公司加班的时候，林言给他带去好多外面的特色小吃，在苏平原看来林言就是一本强大的美食辞典，里面装满了各种琳琅满目的新口味。

就这样，爱情开始了，可两人处着处着就发现了彼此强烈的反差。

特别是去写字间楼下餐厅就餐的时候，苏平原再也没穿过浅色衬衫，他心有余悸而且这种余悸不仅没有消弭反倒随着交往越来越大。

离去见苏平原的父母还有不到一个礼拜了，星期二那天，林言听说西林街新开了一家风味餐厅，孜然小排尤其不错。苏平原也正打算告诉林言周末晚宴的事。让她好好看看发给她的那几份用餐礼仪，准备好周末的家庭晚宴。

下班后，林言和苏平原挽着手走进风味餐厅，苏平原一回头喊服务生，结果发现侧后方坐着三位女士，正是自己的妈妈和两位要好的朋友。

这个偶遇惊出苏平原一头冷汗，没办法只能牵着林言的手过去做引荐。妈妈是个有涵养的人且较好相处，苏平原引荐过后，拉过林言嘘寒问暖喜欢得不行。

晚饭自然是坐在一起吃，借等菜的工夫。苏平原特意把林言拉到洗手间门口，一顿叮咛嘱咐，大有迎接一场大考验之势。

苏平原告诉林言，他的母亲是个比较讲究仪表和细节的人，希望林言一会儿吃饭的时候一定要多注意自己的言行举止，特别是吃东西的样子。

菜一上桌，林言就馋得不行，口水都快要流出来了。

孜然小排冒着滚滚的热气向林言扑过来，林言被美食蛊惑了心智，夹起一大块孜然小排就往嘴里塞。小排是刚起锅就被送过来的，没有完全散热，自然是烫得不行，林言太过心急，被嘴里滚烫的小排折磨得面目扭曲。

"哇，好烫！"林言最后终于大叫一声将满嘴的小排吐了出来。

周边的人瞧着他们这一桌，纷纷地笑了起来，苏平原面露尴尬，眉头也轻轻地皱了起来。

林言看着这个吐出来的小排，吹也没吹，继续面目扭曲地吃了下去，一

第六章
分手吧，我比爱你更爱自己

点儿没注意到周边人的嘲笑和苏平原的情绪变化。

她正幸福着，不知道是吃得幸福，还是恋爱的幸福。苏平原在桌下面用脚用力踢了一下林言的小腿，暗示她要注意自己的仪表。

林言意识到自己刚刚的窘态，吐了吐舌头，苏平原的妈妈和两位朋友忙打圆场，夸林言可爱，人也实在。

本来在席间，林言一路小心陪伴，苏平原吃得胆战心惊，生怕林言会露出平时吃东西的本相。可当孜然小排上桌后，林言还是原形毕露了。

当着苏平原妈妈和几位朋友的面，嘬手指，嘬得津津有味，嘬得回味无穷，弄得场面一度很尴尬，苏平原在桌子下面再一次踢了林言，这一次大概是用力过猛，林言一喊，刚塞到嘴里的一块孜然小排掉在了面前的汤碗里，溅了旁边妈妈好友一身，整个晚饭后来在一种极不协调的不愉快气氛下结束了。

回去的路上，苏平原一直不大爱说话，他的手机响了，他摆弄了一下，立即给林言看。

苏平原的妈妈准备周末请林言去家里吃自己最拿手的干锅鸭头，但是被苏平原回绝了。

林言本要拍手叫好，可一听苏平原说回绝了妈妈的要求，林言马上不高兴了。

苏平原的理由是什么时候林言懂得了像视频里那样吃饭，什么时候我们再去赴约吧。

其实林言真的对那些视频很不喜欢，上面说吃的时候，嘴巴只能张开樱桃大，每天也只能吃一小碗饭，不能吃饱，林言看了几眼就删掉了，她喜欢最本真的自我，这些淑女教学，礼仪视频，她觉得一点儿也不适合她。

"苏平原，我要是一直没学会呢！"林言气鼓鼓地说。

"你说呢?"苏平原轻哼一声,态度已经很明显了。

"你每次吃饭都要对我说教,这样不行,那也不可以,你知不知道这样让我很难受!现在你还要让我看视频学礼仪,我就那么没品,那么差劲吗?……"林言无辜地说。

苏平原觉得很心塞,他做这一切不过是希望林言能变得更好。

自然,他也是有私心的,谁希望自己带出去的女朋友,吃东西的时候和粗人一样野蛮,一点儿也没餐桌上的礼仪呀?

在他看来,林言一看见好吃的东西就像苍蝇见了血一样地疯狂,完全不顾自己的形象,就是一纯粹的吃货。吃就吃呗,还吃得一点儿不淑女。

"苏平原,我是吃货我承认。如果你受不了我大口吃菜,大口吃肉,那我们分手!"林言愣了一会儿,带着哭声地回道。

苏平原拂袖而去,这是林言没想到的事儿。她不知道苏平原原来这么讨厌和自己一起吃饭,没想到他对自己的态度如此反感。

林言看着苏平原离开的背影,心里有些微微地疼。

林言在自己家楼下的那家馄饨摊位上,看到一对情侣恩恩爱爱,女生特别胖,可是男生还是不间断地把馄饨夹到女生的碗里,看着女生吃完,又殷勤地给她其他的。

女生吃得粗鲁而生动,可男生看着吃得欢快的女友,却乐开了花。

林言在心里默默地想,要是苏平原看到这一幕,估计会被吓死吧。她想不通的是,为什么别人的男友可以这样满心欢喜地包容疼爱自己的女朋友,苏平原为什么就做不到呢?

"吃货"并不会被人看不起,它是做自己的简单干脆,它是爱上美食的春暖花开。在电影《Eat, Pray, Love》中，女主人公朱莉娅也和林言一样，在意大利一条稍有点喧嚣的小街边，一边听着音乐欣赏着附近的风景，一边吃着刚上桌的意大利面，喝着红酒。她吃了起来，毫无形象。意大利面被吸出了声音，配料溅到了她的嘴边，甚至也许周围的人正吃惊地看着她。而她完全不在意，顺着耳中的音乐，宛如听着美食的声音，依然进行着只属于她一个人的美食之旅。

有人告诉你，吃要有吃样，吃要有章法。

这并不是说不正确，而是若是对方懂得包容，那么我们所有不好看的吃相，我们不淑女的表现，我们吃货时的狼狈不堪尽入他眼底的时候，他却仍然说爱你，他会爱你活脱的思维和一颗爱美食到老的心。

有些幸福是含在嘴里，有些幸福是包容呵护，只有在爱的世界里，我们才能感受真切，品尝隽永，做一个十足的"吃货"而乐此不疲。

他说这世界看脸

借千秋

女主角：叶琰

男主角：薛修雅

分手原因：化妆长脸？原来是被贴上了标签

叶琰笑盈盈地把客户送出门，包里的手机还在震，薛修雅一连发了几条短信。

晚上在盛唐吃饭，哥几个都在，你化个妆打扮漂亮点。

化妆品就用之前给你买的法国那个牌子，上次你用那个上妆，一出场把他们带的那一群小姑娘全比下去了。

这次他们带的好几个妞都挺正的，哎，老婆你可得继续给我长脸啊！

叶琰看完收起手机，她去洗手间卸了妆，打开化妆包，眉笔，腮红，粉底霜……各色工具摆满了洗手台。她看着镜中的女子，眉眼寡淡近乎陌生。

不知从什么时候开始，薛修雅开始要求她妆容精致。久而久之，叶琰已经快要忘记素面朝天的感觉。正如薛修雅早已忘记，他曾经最渴盼的，只是一个下了班能和他一起去菜场买菜回家做饭的普通人。

叶琰走进包厢，人已经到了不少，薛修雅的几个哥们儿在摇色子，年轻的姑娘围在他们身边笑闹。薛修雅独自坐在单人沙发上，衬衣解开到第二颗扣子，袖子挽到手肘，双腿交叠，姿态随意地靠坐着。

昏暗的灯光下，他唇红齿白，宛如出尘明珠。旁边三三两两聊天说笑的女孩子，时不时便会状似无意地朝他的方向看一眼。

叶琰走到他身旁停下，薛修雅抬眼，显然对她今日的精心妆容很满意，他伸手将叶琰揽入怀中，在她耳边轻轻笑道："我老婆今天真美。"

旁边桌已经有人开始起哄，"薛总，嫂子这么漂亮，不给大家介绍一下吗？"

薛修雅心情颇佳，揽着她站起来，开始一一介绍。

叶琰打起了十二分精神开始应酬，在场都是薛修雅圈子里混得风生水起的，大家互有生意往来，叶琰不得不全力以赴，做个能给他撑起场面的贤内助。

其实为了留出足够时间化妆，叶琰根本没吃晚餐，下了班就开始为今晚的聚会精心装扮。薛修雅给她买的化妆品上妆效果美则美矣，却并不适合东方人的肤质，上次她卸了妆皮肤一片红肿，她和他委婉提过，然而他显然忘了。

此刻她饥肠辘辘，薛修雅却被拉过去打起了桥牌。他们那桌赌注很大，吸引了好些年轻姑娘围靠过去，她看着他慵懒又漫不经心的微笑，和身旁时不时借故靠过来耳语亲近的姑娘调情，突然觉得已有些不认识他了。

叶琰瞥开眼，她突然想起刚认识薛修雅的时候，他是那样一个傻子，居然因为她打扮时尚，妆容精致而万分嫌弃。

叶琰和薛修雅是相亲认识的。

起因是她的一位老客户，先生是位现役军人，级别颇高。某天客户的先生陪太太来找她办业务，对叶琰印象颇深，于是让太太转告叶琰他有一个钟爱下属，单身未婚，他用他的人格保证，他的部下是个人品非常正直的人。叶琰当时26岁，家里催结婚催得挺急，想了想便同意去相亲了。

这位下属在军工研究所，工作很忙，出行不便，为了见他，叶琰驱车50公里，到他单位附近。见到他的那一瞬间，因路远而产生的那一点怨念全数消失，薛修雅穿着制服，身姿挺拔地站在那里，眉眼英气，气质内敛，正是叶琰设想过无数次的未来男朋友的模样。

可是理想无比美好，现实却也残酷，薛修雅并没有看上叶琰，他给的理由实在是朴实又纯良："我父母都是农民出身，我自己也只是个普通研究员，没房没车也没存款，叶小姐她是银行客户经理，年轻有为，有房有车。再看她的长相打扮，怎么看都不像是结婚过日子的人。"

叶琰不甘心，生平相亲未尝一败，难得碰见一个喜欢的，却还因为妆容精致，有房有车遭到嫌弃。于是她发信息打电话，皆被薛修雅没空在忙挡了回去。

客户的老公看不下去了，找薛修雅促膝长谈，薛修雅吐露实情，并不是不想和叶琰试一试。第一次见她的时候，叶琰穿着好看干练的名牌服饰，化着完美无瑕的淡妆，她说这是对相亲的重视，可自己一个月的工资才四五千，要怎么养她呢？

他想找的姑娘，不需要她貌美如花，妆容精致，他只想要个下了班能和他一起去菜场买菜回家做饭的普通人。

叶琰听了之后，更是欲罢不能，连性格都是她喜欢的！于是更加坚定了

第六章
分手吧，我比爱你更爱自己

要把薛修雅变成她男朋友的想法。

此后，薛修雅总能在经常光顾的书店、餐馆"巧遇"叶琰，长发披肩，不施脂粉，平平淡淡温温柔柔地冲他打招呼。又或者是被上级相邀去家中吃饭，叶琰扎着马尾，穿着围裙，和夫人忙忙碌碌，一片烟火人间，哪是十指不沾阳春水的大小姐模样。

叶琰什么都没有说，甚至也没再给他发短息打电话。

她就只是这样，用最平常、最朴素的姿态开始出现在他的生活里，仿佛在微笑着向他证明，嘿，不化妆的时候，我也只是个普通女人而已。

直到有一天周末，薛修雅去菜场买菜，挑选西蓝花的时候，有个熟悉的女声温温柔柔在他身旁说："老板，请问南瓜多少钱一斤？"

他侧过脸，叶琰沐浴在毛茸茸的光线里，平底鞋，休闲装，素面朝天温婉平和的样子，看起来就像个周末出门买菜的小妻子。

然后他笑了，好像突然想通了一般对她说："看来你真的很喜欢这家老板的南瓜啊，驱车50公里特地过来买。"

叶琰眨眨眼睛，"是啊，天下的南瓜那么多，我独爱这一口。"

可如今，当叶琰一抬眼，就看见又有小姑娘借酒直接扑到了薛修雅怀里，包厢里弥漫着纸醉金迷的味道，她微微皱了皱眉。

曾经那个只想过简单生活，只在意她素面妆容的男人，为何变成了现在这样，为了面子，非让不适合浓妆艳抹还对有些化妆品过敏的叶琰这番对待？

不出所料，叶琰化妆品过敏了，第二天早上醒来的时候，她的脸红肿难看。

下午薛修雅电话来了："老婆，昨天有份投标要用的材料忘在家了，你赶紧给我送过来，一会儿会议就开始了。"

因为赶得急，她穿着凉拖、T袖就到了薛修雅公司，合伙人和客户正在陆陆续续走进会议室，她把文件递给他，一同往外走。

他西装革履，英姿勃发，而她衣着随意，面容平淡，大家好奇的视线在他们之间不断逡巡，老一辈的客户笑着问他："这是咱们薛太太来慰问啦？"

薛修雅尴尬地笑了一下，拉着叶琰直往外走，"你今天怎么穿成这样就来了啊！也不化个妆！脸红成这样，真难看，一粒一粒的，是什么啊？"

叶琰恍恍惚惚地被教训了一通，薛修雅连一句关心她化妆品过敏的话都没有。他们之间为什么会这样，叶琰也说不清。

叶琰只知道，当初在一起之后不久，薛修雅就辞去了军工所的工作，和几个同窗一起合伙做起了机械设计。

辞职的那晚，他背着不想穿高跟鞋的叶琰回家，用菜市场买白菜的口气同她商量这件事："叶琰啊，我想过了，你不嫌弃我没车没房地跟了我，咱一大老爷们儿，不能苦了媳妇，我想把这边工作辞了，和几个同学战友合伙做点事！"

叶琰趴在他背上，薛修雅走得很稳，他一直就是这样追求稳定平静生活的人，现在因为人生规划里有了她，便要放弃前景大好的工作，冒险一搏给她更好的生活。她珍惜他的这一片真心，也愿意同他并肩打拼他们的生活。

但这也就是为什么薛修雅越来越看好化妆打扮了。那时薛修雅只负责技术这块，但业务刚起步人手紧缺也免不了应酬。有些场合是需要携家眷出席的，看看其他几个合伙人面目平淡的女伴，薛修雅觉得自己特有面子，他的叶琰妆容精致，给足了薛修雅面子。

第六章
分手吧，我比爱你更爱自己

那刻薛修雅对化妆打扮的态度开始有了微妙的改变。他觉得，在社交场合，能有这样一位打扮得体、雍容大方，还化着精致妆容的女伴，不仅对男人来说是一件面上有光的事，而且对自己的事业也是很有帮助的。

久而久之，薛修雅越做越大，钱也越来越多，他开始评价起了她的妆容打扮，甚至主动送她价格不菲的化妆品，看着她的目光也从原来的溺爱变成如今仿佛她是拍卖行里那些待价而沽的藏品。

送完资料后，叶琰接到一个电话，是自己的几个闺密打来的，说是晚上约在盛唐聚餐，最好携家眷出席。叶琰说自己来那是一句话的事，但老公很忙不能来。

因为叶琰知道，与其告诉薛修雅有闺密聚会要携家眷被拒绝，还不如自己马上拒绝闺密们自己的丈夫很忙不会来呢。

她的脸正在发炎，有些红肿，涂不了任何的化妆品。

而叶琰不是没有感觉到，从下午递资料后薛修雅就有点排斥她，是不是因为他觉得若是和一个脸上毫无光彩的女伴在一起出席各种活动，那他的面子往哪儿搁？更何况，他越来越觉得化妆那是长脸，不化妆怎么做他的贤内助。

于是叶琰穿着最普通的白衬衣铅笔裤，简简单单赴约了。

大家清一色都很随意，不浓妆艳抹，也不穿夸张的衣服。闺密几个很轻松欢快，大家互相打趣，一起吐槽老板，聊聊八卦，互相埋怨你胖了还是我老了，叶琰窝在沙发里，不时随着大家一起笑闹。

只有在这个时候，她才顿觉无比轻松，不必在乎自己是薛太太，也不必对自己的形象有什么顾忌，自己的脸蛋即使肿成猪头，闺密们还是拥着她开怀大笑，毫无嫌弃。

好不容易散场，叶琰挽着闺密笑盈盈穿过大堂的时候，看见门口有一群西装革履的客人正在聊天，薛修雅长身玉立，赫然正在其中。

叶琰的闺密们显然也注意到了，有人已经开起哄，"叶琰，这也太巧了吧，你家薛总也在这儿应酬啊，快去快去，夫妻恩爱一下……"

大家起哄得厉害，叶琰只好走过去喊薛修雅。

薛修雅见到了叶琰的一群闺密，绅士风度尽显，但与此同时，相比叶琰的闺密们，薛修雅周围那一群衣着鲜亮，妆容夺目的丽人们简直太美了，各个都形成了强烈的反差。薛修雅看见叶琰一脸素面朝天，微微愣了一下。

这还是那个什么事儿都为他着想，甚至每次都为他在聚会面前充足面子，让他还暗自得意的贤内助吗？

本想微微含笑给她一个拥抱的他微微皱紧了眉，不耐烦地撇了撇嘴，示意自己马上就走。

虽然薛修雅不说，但叶琰看出来了他的嫌弃与不满，他嫌弃她素面朝天的难看，他不满她因为不化妆而对客人的不尊重。

或许他甚至觉得，叶琰如果哪天不化妆，就是不能出门的"母老虎"。

这一次，薛修雅很晚才回来，他没有走进叶琰的房间。两人第一次分床睡。

叶琰其实并没有入睡，她不知道薛修雅为何不进来，是因为怕吵醒了自己，还是不想面对红肿着脸已经成为黄脸婆的自己。

她坚信，应该是后者。

叶琰回顾一切始末，以前相亲的时候还觉得她太会打扮拒绝和她在一起

第六章
分手吧，我比爱你更爱自己

的薛修雅，到如今凡事都希望她给足面子在人前人后被人歌颂"薛总"的薛修雅，她为他改变了太多。他喜欢什么，她做给他看；他讨厌什么，她尽力去改……

但是爱情不该是这样，薛修雅甚至都不知道叶琰对自己买的那款化妆品过敏，他为了一个完美的自己，完美的聚会，完美的事业，非要求叶琰穿着她不爱穿的高跟鞋，化着她不爱化的大浓妆，用对待客户的标准和他一起应付那一场又一场的饭局晚宴，他让叶琰顶着高贵的"薛太太"标签，妆容精致，举止得体，让他面上有光，身价倍涨。

这么多年，她被他束手束脚，贴上标签，订上价格，成了他的附属品。

可是，这不是真正的叶琰啊。

外屋传来响亮的打呼声，叶琰却在里屋"唰唰唰"地掉眼泪……

化妆或者不化妆，你都应该是那个你。

这是一个看脸的社会，但你的男人却不应该成为这其中的一员。

化妆的你是可以陪他出席聚会，应酬晚宴，但卸妆之后的你才更是那个陪他过着柴米油盐酱醋茶而相伴一生到老的人。

女人们化妆是为了自己，千万不要因为另一半那些功利自私的要求而不断委屈自己。你是一个美丽珍贵的存在，绝不需要被爱人打上标签，成为妆容精致、举止得体的附属品。

分手吧，
我会更爱我自己

我们相爱的原因
许烁

女主角：张丽

男主角：顾然

分手原因：恋母情结

如此频繁的争吵，张丽已经难以承受，疲惫不堪，她从顾然的公寓跑了出来，眼睛红红的，咬住嘴唇，忍住不哭。

她一直是一个坚强的女孩，但面对顾然，却无计可施。

夏夜的风很大很凉，她的高跟鞋把后跟都磨破了，她却只能用力继续奔跑。

"顾然，虽然我很爱你，但如果你还是把我当你母亲的角色让我来宠你爱你，那我们只能分开，我要的不是一个不成熟的男人！"张丽在门口声嘶力竭。

多少次，都是顾然遇到了麻烦事儿，张丽去开导安慰他。男女之间的角色好像互换了一样，而张丽遇到什么挫折，顾然却全然帮不上。

第六章
分手吧，我比爱你更爱自己

张丽第一次见顾然的时候，是三年前的一个夏天傍晚。

她在市场里看到迎面走来的顾然，心里小鹿乱撞。

他有着高高的鼻梁，黑葡萄似的大眼睛，文艺青年的气质。她对他一见钟情。

张丽有时会跟踪他回家，等到顾然关上公寓的门，她悄悄地把一袋橙子挂在他家的门把手上。每次按完门铃，赶紧躲到楼梯口，不敢让他发现。有次张丽跑得慢了，被迅速打开家门的顾然撞个正着。

他们成为朋友，而张丽也有了进入顾然家的权利。张丽乖巧懂事，经常帮顾然打扫家里，博得了顾然的好感。

"这是我家的钥匙，你以后有空可以上来帮我煮点东西吃……你知道我一个人经常吃外卖很腻的。"顾然手摸着脑袋，不好意思地把钥匙放在张丽的手上。

"真的吗？"张丽的心里乐开了花，这是她期盼已久的结果，"好的。"

于是，她的贤良温婉，他的善良文艺，爱情的火花终于盛开。

他们第一次约会，是顾然让张丽陪他一起去买菜，回去吃火锅。

可张丽很纳闷，顾然家附近不是有大超市吗，为什么还要驱车到小超市买？

后来顾然告诉张丽，原来超市还不发达的时候，顾然的妈妈总是要带着他步行好几公里才能买到新鲜的蔬菜，于是他习惯了，吃饭前需要走上那么多公里。

张丽虽然疑惑不解，但看到顾然是个孝子，到现在都还记得与母亲的点点滴滴，她也就欣然接受了，而且对顾然更加喜欢了。

回到家，洗菜做饭，张丽忙活了好久也没见顾然来打个下手。

直到饭菜上桌，顾然都没有夹菜给自己，相反地，他倒是自己吃得欢。

张丽有些不开心，她嘟着嘴，看着毫无情趣的顾然："喂，就不夸赞一下？"

"还行呀！"顾然微微地笑了一下，却忍不住比较了起来，"不过，比起我妈做的鱼香茄子煲，那个可是差得太远了！"

"是吗？"做菜的人都喜欢点评的人能够说喜欢"你妈也做鱼香茄子煲吗？具体点评一下吧！"

"那可不是，想当年我妈妈做这个菜，我可以把锅里的饭扫个精光呢。"说起顾然的妈妈了，顾然好像顿时来劲了许多，他又夹了菜，品尝了一口，"这鱼香茄子煲吃起来不香，茄子上色也不漂亮，是不是没有过油直接就下去炖了？"

张丽随即夹了一口，吧唧着嘴："还行呀，这味道还行呀，哪有你说的那么差？"她疑惑地抬头看着顾然。

"不，就没有我妈烧的好。"顾然的声音大了起来，连脸色都有些不好看。

张丽的心里非常不是滋味，为什么顾然非要将自己的厨艺跟妈妈比较呢？他喜欢自己，就应该喜欢自己的全部，包括厨艺。

他对她的爱到底是什么？

难道他把妈妈的情感注进了他们的爱情之中？

张丽虽然嘴上没说，但为了这份爱，为了能给顾然一盘称得上可以和自己母亲匹配的菜，她听从了他的意见，努力想烧好这道菜。

于是接下来的一个月，两个月，三个月里，张丽在家里练习这道菜，希

第六章
分手吧，我比爱你更爱自己

望能达到顾然的要求。那段时间，张丽经常跑到外面试这道菜，根据外面大厨的做法，回来是一遍又一遍耐心地烧菜，然后自己不断地去试味。

终于，当这道菜又出现在了顾然的餐桌上的时候，顾然吃着吃着，竟然微微哭了起来，一个大男人在她面前毫不掩饰地哭，这是张丽没有意料到的，而顾然在自己面前哭得像个小孩一样，反而让她显得有些束手无策，她急忙从旁边拿了纸巾递给他。

紧接着，顾然给张丽讲了自己妈妈的故事。讲这些话时，顾然的眼睛里闪着光，好像在讲自己的女神一样。

原来顾然妈妈已经去世多年，他想念妈妈做的菜。吃着张丽做的这道菜，好像妈妈从来未曾离开过。

张丽听着他说自己的故事，把他紧紧地抱在怀里。

那一刻，她以为他是爱她的，才会向她坦白。

可是她不知道，一旦人扭曲了爱情，会将爱情和亲情傻傻分不清。

"顾然，你以后想吃什么菜都可以叫我做，我尽量学习，达到阿姨的水准。你也不要难过了，不是还有我在你身边吗？我会好好照顾你的。"张丽安抚着顾然的情绪，把顾然抱得更紧了。

可是，这日久见人心的事儿起初都温暖甜蜜，谁知道骨子里是什么味呢？

张丽又一次买了许多菜，来到顾然的公寓，顺便带来一条新的围裙。这条围裙可是她在超市里精挑细选的，颜色鲜艳，比起顾然家里的那条旧围裙，这条更加显眼可爱。刚一进屋，她第一件事就是把旧围裙丢进了垃圾桶。

这次她要为顾然准备一道新的拿手好菜。

顾然一直在客厅里看报纸，不来厨房帮忙。张丽忙碌着一边煲汤，一边做菜。

由于操作失误，这条福寿鱼一进到油锅里就开始不安分了。

整个厨房都快要被炸开了，张丽被热油溅到手，疼得直叫。

顾然听到她的叫声，急忙跑了过来，把火关上。

"怎么样？没烫着吧？"他担心地看着她，却在下一秒，看到这条新围裙，整个脸都绿了，"我妈的那条围裙哪里去了？"顾然冲着张丽直喊。

张丽指着垃圾桶，被顾然的举动吓到了："丢到垃圾桶里了，你妈的围裙有那么重要吗？我被烫到了，你不关心我有没有毁容，有没有被烫伤，倒是关心那条破围裙……顾然，在你心里，我就比不上这条破围裙吗？"

可顾然似乎听不进张丽的话，只见他毫不犹豫地手伸进垃圾桶里，左翻右翻，终于把妈妈的那条围裙找了出来。

"不许你诋毁我妈的东西！"顾然恶狠狠地说着。

"你有病，你根本不正常。"张丽大声地吼道，转身离开了顾然的公寓。

出了顾然的公寓，张丽觉得很冷。

他曾是她的一切，甚至比她生命还重要。但是他却对自己无所谓，还说出那么奇怪的话。她究竟在他的心里扮演一个怎样的角色？

她越想头越疼，根本无法理智地去看待这一切。难道她只是顾然母亲的一个替身，他只是想从自己这里取暖，而不是真心爱自己？

她突然有了这样可怕的念头，马上晃了晃脑袋。

在顾然眼里，张丽有妈妈的影子，她的一举一动，都让他感到无比温暖，好像妈妈一直在身边一样。他只想她留在自己的身边，重复着跟妈妈一起的那些时光，所以每次和张丽发完脾气，他都是恳求着张丽留下来，不要离开自己。

第六章
分手吧，我比爱你更爱自己

可是平静的生活总会再一次起波澜，也可能是惊涛骇浪，致命一击。

那个阳光明媚的周日，张丽倒在顾然怀里翻着老照片。

翻到顾然妈妈跟顾然合影时，张丽打趣地说道："顾然，你一定长得像爸爸，那么帅，妈妈长得其实挺一般的，看起来好像脾气不太好……"

她没有想到一说完这句话，顾然把她从怀里猛地一推开。

"张丽，你饭可以乱吃，话可以这么乱说吗？一点都不尊重我妈。"顾然生气地走回自己的房间，大力地把门关上，只留下哑口无言的张丽。

她没有想到只是简单的一句玩笑话会让他这么生气？

难道去世的妈妈比她这个大活人还来得重要得多，她究竟是他的谁？他爱她吗，还是只是把她当成妈妈一样看待？

几天后，张丽在客厅里踱步，无意间发现书架上有本书凸出来，她随手把它摆正，却发现这本书好眼熟，这不是顾然最喜欢看的那本书吗？

《图腾与禁忌》是顾然每天一遍又一遍地捧在手上细细品读的那一本。她平常总见着顾然无上崇敬这本书的模样，一直以为这是一本恐怖小说的她好奇地翻开了这本书。这一翻，他倒吸了一口冷气。

这一本书是关于男孩对父亲的矛盾情感，男孩取代父亲的位置，与父亲争夺母亲的爱情。这不就是传说中的恋母吗？她慌张地合上了书，把书摆回到书架上。

她无法欺骗自己顾然不是一个具有恋母情结的男人。她回想起之前发生的一切奇怪的事情，包括他喜欢她的菜，包括他对她菜的挑剔，又包括那个围裙……所有事情联系在一起，让她恍然大悟。

当时她宁愿相信顾然深爱自己，也不愿去相信他有那样奇怪的行为。

如今在她面前，一幕幕的证据也明明白白，她不死心，她想亲口问问他。

"顾然，其实你喜欢我什么呢？"张丽在心里想遍了所有的开场白，可是说出口的却是简单的一句话。

顾然像个小男生一样，他好像非常害怕失去她，双手紧紧抱着张丽。

"我喜欢你对我好，照顾我，而且你做的菜味道真的挺好。"顾然轻轻地亲吻她的耳朵，小声地说道。

这么安静的画面，张丽的内心却是翻江倒海。她心里极度渴望他会说喜欢自己漂亮的脸蛋，苗条的身材，可爱的声音，或者直爽的性格。

但是他没有，他一遍又一遍地重复着喜欢自己拿手菜的味道。

张丽的脑子里嗡嗡直响，她真的快要发疯了。在她完全清楚明白地知道她只是顾然妈妈影子的时候，她的脸突然没有了血色。

张丽从顾然的怀抱里抽了出来，转过身，不顾他的挽留冲出了屋子。

我们爱一个人，甘愿为他做任何事。洗衣做饭，甚至冒着生命危险去帮他延续后代。但是，如果他只是把我们当成他母亲的替身，那我们的爱便变得毫无意义，甚至是可悲的，不值得一提的。

我们不是任何人的替身，我们只想找一个真正爱自己的人，然后好好的。

如果委曲求全，那换来的不是真爱，而是一次又一次对自己的伤害。

任何一个人可以照顾他，都能成为他的女友。

女人啊，你要找的是终身的伴侣，而不是男方妈妈的替代品。

要知道，我们的爱情是绝无仅有，而不是可以取而代之的。

在每段真爱里，男人像一双漂亮的玻璃鞋，不是鞋来选择我们，而是我们去选择这双鞋，穿得合适才是最好的。

在短短的一生中，遇到一个有恋母情结的男人已经够了。

不要再浪费时间，浪费青春了，我们要在最好的年华里遇到那个对的人，然后执子之手，与子偕老。更何况我们那么美丽，何苦找不到那个对的人呢？

眷尔的治愈小语：改变自己

　　漂亮的女人固然吸引男人们的眼球，但是对方若是执意你的脸多过于你的脾气、性格或者方方面面，那这个男人何尝不是和薛修雅这样的大男子主义男人大相径庭？男人在意你的外表，在意你的妆容，多过在意你，那么你一定知道，这样的男人靠不住，这样的男人只会让你成为他的附属品，何不早离早超生？

　　而苏平原和林言就更狗血了，一个是大吃货，一个是小男人，许多人不懂吃货们为何疯狂爱美食，甚至对她们的吃相直冒冷汗，这不，带去见家长都惹出一些不愉快。不过在这里，我也需要奉劝大吃货林言，吃货的定义不是吃相的不好看，而是比普通的人更会在美食里沉醉。这和看到大龙虾就两手抓的人简直是两个世界啊。

　　但是，你如果遇见了你的男人爱你是因为你的脾气性格，或者你的照顾关怀十分像他的妈妈，或者会让他想起和妈妈在一起的日子，那么这段可怕的爱情，你还能坚持下去吗？你一定不会。纵使你非常爱他，纵使你知道他的恋母情结后依然悲伤离开，但不要紧，你要记得，多亏你放弃了这个人，才会遇见下一个命中注定。那么，在等待下一个男人出现之际，请一定要好好改变一下自己。

以后你昂首挺胸，信心倍增，你让你曾经的男人仰视你，后悔与你提出分手，后悔当初对你的决绝离开，那么一切都晚了。

我改变了自己，不是为了重新和你在一起，而是为了遇见更好的人。

(1) 改变从适合的发型开始

我们的容貌无法改变，但我们可以改变发型，这是上苍赐予我们可以提升美丽的法宝，在影视剧中，我们常常疑惑，为什么"灰姑娘"打扮一下就变成了"白雪公主"了，其实是发饰使然。

改变人物命运的，衣装其实在其次，发型才最为重要。

合适的发型会突出你或可爱或高雅或知性的气质，但不合适的发型却会让整个人看起来不精神、疲惫，很不协调。

所以亲爱的女人们，少穿几件漂亮衣服，多投资一些在头发上，然后反复告诉自己，走出去，不要不自信，你看你多美的秀发，多美的造型，除了秀给自己看，更要展示给别人看。

(2) 改变从化一个精致的淡妆开始

在日常生活和工作中，女人们都应该修整自己的妆容，上班我们化上淡淡的上班妆，蜜桃色的嘴唇忽隐忽现，清晰明朗的眉峰，似有似无的眼线一目了然，完美呈现……这些都应该是精心细致的雕琢，而不是简单粗糙的堆积。

这些黑红蓝粉的颜色，可以让你的脸色神采奕奕。

女人啊，你或许明明知道任何人的第一眼就是看脸，为何还要欺骗自己，别人会看见你的善良和付出呢？虽然脸是爸妈给的，与生俱来，可是我们可以让自己变得干净，化上淡淡的妆，涂上薄而细腻的粉，将自己的脸蛋精致无瑕。

(3) 改变从涂抹的香水开始

"闻香识女人"这个词我想你早就听说过了。

说明早在很多年前，就有这种用香来辨别女人的说法，如今也是这样。

如果一个女人从你身边走过，她的"香味"淡雅香醇，那她一定是一个懂得情调、懂得打扮、懂得用香来为自己加分的女人。

因为一瓶香水会情不自禁告诉你很多关于她的信息：她的性情，品味，职业，年龄，等等。香水是有个性和灵性的，女人们通过香水的点缀更显韵味与性感。

但一个女人选择一款香水，绝对不是偶然。

而女人选择香水，也是根据自己的喜爱和感觉才挑的，于是潜移默化，这个香水就成了女人的代名词，与女人的灵魂紧紧相连，聪明的男人会从一瓶香水洞察女人的内心，因为女人通常不会只用一种香水，它会随着女人的心情变化而挑选不同香味的。

有信心把自己打扮得恰到好处的女人，是一份得体，一份优雅，一份不高不低的亲近感，一份如居家姐姐的可以信赖，一份如邻家妹妹的让人怜惜。

漂亮的女人固然吸引男人们的眼球，但是知性养眼的女人，却可以叩开男人们的心扉。所谓养眼，就是让人看着舒服，眼睛里舒服，心里也舒服，这样的女人才令男人神魂颠倒、死心塌地。

第七章

分手吧,
阅读使我更美丽

我酷爱打游戏，可他却对游戏不屑一顾

简小姐

男主角：叉衣架

女主角：姣女神

分手原因：游戏玩不出人生内涵

"高价收兔萌萌装备。"姣女神在世界频道频繁刷频。

元老级战将杜姣姣在网游中可是数一数二的，大家都叫她"姣女神"，自然女神除了玩游戏，还靠这个赚钱，代练号、收集稀奇装备都是她的渠道。她的雇主开出的价格也很令人满意，所以姣女神对这既可以玩又可以赚钱的事儿乐此不疲。

没一会儿，想要和姣女神达成合作的人就刷满了一个屏幕。姣女神一个个删选看着，突然一个在游戏里身穿着简陋衣服，拿着叉衣架的人跑到了杜姣姣的面前，戳的私信里除了要卖这个兔萌萌装备，还加了一条捆绑业务：卖兔萌萌就陪次副本，技能擅长"加血"！

这可比讨价还价有意思，杜姣姣果断抛出一个钱带，两人一手交钱一手交货。

于是叉衣架就乖乖地跟着姣女神来到了市区副本中心，两人双剑合璧，瞬间天下无敌。后来用姣女神的话说："男朋友可以随便找，但是会'加血'的男朋友只有'叉衣架'一个。"

两人在游戏的世界里驰骋风云，姣女神用大招，叉衣架就去捡装备；姣女神打神龙 hold 不住的时候，就见叉衣架在后面铆足了劲给她补血。

这样的默契实属罕见，他们于是萌生了见面的冲动。

姣女神以为对方在遥远的城市里，和自己一样，穿着棒球服，超短裤，一双夹拖吊儿郎当地坐着，可谁知闲聊竟得知对方和自己同处一个城市，姣女神欣喜若狂，果断约见了他，这么默契的人必须见面刷副本啊。

于是久而久之，姣女神豪迈的脾气和直爽的性格让叉衣架一下子融入了他们的网咖圈，也瞬间成了她的男朋友。

姣女神喜欢的是叉衣架的陪伴和副本打游戏的快感，但叉衣架骨子里根本不是一个资深网咖，他只是个普通上班族，生活里有很多事情要做，而游戏只是他的消遣，并不是他的全部。

为了庆祝打副本胜利，叉衣架带姣女神去吃饭，等上菜的间隙，叉衣架很好奇姣女神的职业："女神，你是做什么工作呀？天天打副本，你的精力够吗？"

姣女神不以为然地咧开嘴笑，"这就是我的职业啊！你看，既玩了还赚得到钱，是不是很酷炫哦？！"

"打游戏还能赚钱？"

"是啊，我手里的'老板'们各个有钱，我替他们刷一个号，几天，我可以赚好几万，哪像你这类上班族，天天忙成上班狗，还提心吊胆……"姣女

第七章
分手吧，阅读使我更美丽

神直言直语，却让叉衣架轻轻地叹了一口气。

其实自从叉衣架知道姣女神靠打游戏赚钱后，一百个不同意，他希望姣女神能找份靠谱的工作，因为在叉衣架看来，游戏只能消遣，本来当回事赚钱就已经是"阿弥陀佛"了，还要预防各种因为长时间对着缤纷的游戏画面伤害眼睛和身体的疾病，他怜惜她，她却总不当一回事。

突然对桌传来了熟悉的声音，还真是凑巧，姣女神和叉衣架在打网游PK的时候，曾听过对方因为被打败而气愤的辱骂声，自此以后，看见这人就要PK一下，每次PK对方都一败涂地，所以这失败者的声音，姣女神记得特别牢。

"哟，在这里居然碰上我们姣女神……"

姣女神直接提着啤酒，语气带点戏谑："手下败将，找你姣哥有事吗？"

坐在里面的男人哈哈大笑，"姣女神，斗胆问一下，你男朋友何方神圣啊？"

姣女神咕噜咕噜一大口啤酒下肚，抹着嘴说："干你屁事？"

那人又问："不会是跟你身后的奶妈吧？"

姣女神看对方的语气有些不屑，忍不住跟他们吵了起来。

"闭嘴！有种吃完上线，我不虐你三百六十个来回我就不是女神！"

喝着喝着，姣女神就有些高了，对桌的人早就走了。她拿起酒瓶当成了麦克风大唱："你采着草，我打着怪，迎来日出，送走晚霞……"

她旁若无人地唱着自己改编的西游记主题曲，引得行人纷纷前来围观。

真是典型的人来疯！

叉衣架可架不住她的疯狂，尴尬地一把抱住满脸通红的她，准备送回家。

姣女神窝在叉衣架怀里咯咯笑："嘿，叉衣架，在游戏里我挺喜欢有人能够抱着我去看风景，颇有笑看风云的感受啊……"

第二天，叉衣架早早就接到姣女神的电话，她淡淡说一句："我喝酒必醉，可惜便宜了昨晚那个得瑟的家伙！"

叉衣架一下子瀑布汗，喝得糊里糊涂，竟然还能记得对方挑衅她的事儿？她真是玩游戏到走火入魔了……

于是，他想，与其让姣女神继续这么沉迷下去，还不如做一点情侣该做的事儿呢？或许她能渐渐走出"网虫"这个怪圈呢？比如说：看电影。

叉衣架赶忙接着姣女神的话："姣姣，晚上我们约会一下啊，暂时把你的游戏放一下，我们谈了这么久恋爱了，除了游戏，也该看场电影什么的了吧？"

"唔……"姣女神想了很久，才勉为其难地答应，"那好吧！"

可是计划赶不上变化，叉衣架为了这场电影可是排了老长的队，为了求得一张《泰坦尼克号》首映的电影票，他想姣女神毕竟是个女生，也会为这个誓死追逐爱情的浪漫故事而感动涕零吧？

谁知姣女神意外接到了一笔生意：一个客户让姣女神代号升级。

她赶忙打电话给叉衣架，嘴里说不出的欣喜："嘿，我接到了一个生意，好几万呢，你陪我一起练级！电影我们不去看了！"

"喂，你怎么可以变卦！票我都买好了！"叉衣架一定是有些微怒了，因为他从来没有过了好久都没说话的先例。

"我的好奶妈，没有你，我怎么通关呢！"姣女神的话软了好多，她从来不会说软话，只有游戏才能让她实现女人的魅力，"你看，人家钱都打过来了！"

叉衣架这次真的不开心了，他把电话挂了，再也没有打过来。

第七章
分手吧，阅读使我更美丽

晚上的时候姣女神惊遇难得一幕！

游戏中的姣女神操控着红衣女子背着大刀萧瑟地走在路上，旁边的人群垂涎看着姣女神身上的好装备，他们知道姣女神的名头，自然不敢轻易行动，但不知道是谁带头，冲上来给姣女神暴打一顿，后来愈来愈多的人加入，暴打姣女神？这可是百年难遇啊！

姣女神双手绞在一起，绞到发白，红衣女子被打得哇哇叫，血不断减少，那刻她甚至在想叉衣架的突然出现，像是突然拯救她一样。

姣女神打开游戏好友列表，叉衣架的头像灰得冰冷凄凉。

一直到宣布K.O.，而自己想见到的身影还是没有出现，姣女神使劲拍拍自己的脸，然后夺命连环call："喂，叉衣架，你干什么，快上线啊，我刚才被一群小人砍掉了好多级，又要重新练了……"

叉衣架也在气头上："我很忙，谁像你天天混在那群游戏迷里。"

姣女神也毫不示弱："什么叫混，叉衣架，你这话我真不爱听，我杜姣姣不偷不抢，不靠男人，我来钱来得理直气壮！"

姣女神那边游戏打打杀杀的声音让叉衣架更生气。

他果断挂掉了电话，姣女神抓狂地摔掉了手机，拼命地骂着叉衣架，眼泪不知不觉地流了下来。

姣女神怪他没有来"救"她。

久而久之的冷战也不是个事儿，叉衣架决定讲和，他决定先哄哄她，买点礼物，让她冷静一点再去登门道歉。

于是他用了一个多月的工资买了一只香奈儿的皮包，那质感，那颜色，他小心翼翼地拿着包好，他一个多月的工资就为了买这么一只小包。

可是为了她的欢心，他一定要这么做。

开门的是姣女神的闺密，两人窝在家里打游戏呢。

"找我什么事？"姣女神一看见叉衣架就黑着脸。

"前几天我吼了你，跟你道个歉。"叉衣架递上玫瑰和香奈儿包包。

"哇……香奈儿！"闺密大叫，"杜姣姣！你真成女神了啊！"

姣女神斜眼看了看这只香奈儿的包，疑惑地说："仿牌吗？"

叉衣架摇了摇头！

姣女神继续很仔细地看了看包，嘟着嘴说："淘宝买的吗？"

叉衣架继续摇了摇头！

这下你一定要非奔到我怀里了吧？叉衣架喜上眉梢，都已经准备好拥抱的姿势了。姣女神瞥了一眼，毫无感觉地丢给了闺密："我也不懂，你去用吧？"

"喂！"叉衣架立刻变了脸色，"杜姣姣……你太过分了！"

姣女神没有直视他，依旧敲着键盘打着游戏，她音响里传出的打斗声让叉衣架气急败坏，身体不停地颤抖。

"你知道我为了跟你买这个包花了多少钱……"叉衣架攥紧拳头，努力克制着自己的情绪，"你现在是什么意思？"

"你送给我了啊，那就是我的！"姣女神眼睛都没眨一下，"你可以送给别人啊，再说了，我不喜欢这种包，还不如一套神级装备……"

姣女神说得轻描淡写，叉衣架却气得七窍生烟。

"杜姣姣，我不是你游戏里的世界，我给你的爱也不是打几件装备就能得到的，你能不能现实一点！"叉衣架用尽全部的力气吼了出来。

姣女神停了下来，她转眼想看向叉衣架通红的眼睛的时候，她突然不说话了，不知道是突然知道自己说的话太重了，还是突然意识到自己伤害到他了。

有很长一段时间，姣女神开始戒网，她不想做"网虫"，因为每当玩起网游，她总是可以想起她和叉衣架在一起玩时的欢乐时光，她在前面杀敌杀得欢乐，叉衣架在后面神技能似的为她补血……

他总是将她巧妙安放妥当，才勇敢选择"死亡"。

可是现在她面对的，只有一个人的冲锋，只有一个人无后盾的悲凉。

最后的最后，当姣女神终于下定决心准备注销这个游戏账号的时候，她看到列表里有个好友私信，叉衣架在上面留了简简单单的一句话：

希望你能走出你的游戏世界。

那刻，姣女神不知道为什么，心里好像留下了一阵叫流泪的风。它肆无忌惮，漫无目的，好像一击毙命，于是她整个人被席卷得颠三倒四，神志不清。

当年，她怪叉衣架没有来"救"游戏里的她。

但如今，她却怪自己没有来"救"现实里想要离开自己的他。

游戏是由严谨的代码和虚假的画面构成，在游戏里我们可以肆无忌惮做现实生活中所完成不了的事情，战斗、杀敌，赢取金币和丰厚的装备，在游戏里享受被人称赞的荣耀，这一切都会使你飘飘然，愿意沉浸在虚拟世界不可自拔，但是游戏玩不出内涵，生活也不只有游戏。

倘若始终与现实生活脱节，忽略周遭的事物，你会发现，那些曾经在身后默默守护着的英勇禁卫军，最终会因为受不了你屡教不改、痴迷游戏而渐渐远去。

其实，我们的人生还有许多有意义的事情可以做，未来也还有许多未知的美丽等着我们去发现。

分手吧,
我会更爱我自己

所以快点回归在现实的世界吧!

用你的身体和灵魂丰富起自己的人生,享受起这个世界给予你的温暖,感受起空气中微凉的气息,最终,我们一定会找到最真实的那个自己!

自残只是智商不够，还是多读书少睡觉

凌晏

女主角：程小竹

男主角：易阳

分手原因：自残为的是不分手

程小竹坐在冰冷的酒店地砖上一动不动，脸色苍白、嘴唇发青。她不记得为什么要这么折磨自己，只是她还想继续等他，等他们的爱情回到最初。

她拿起旁边的手机，又一次拨打了易阳的电话。

易阳是她的男友，说实话，她也不知道现在是不是了。

因为电话另一头传出了关机的声音，冷冰冰，透心凉。

她的头一晕，眼前一黑，泪也滚了下来。

程小竹第一次遇到易阳的时候，她正巧迷路了。

那时程小竹累得体力透支，再也走不动了，可眼看着再不走天黑前就到不了酒店，就在那时候，她遇见了易阳，易阳二话没说就背起她走了好几里路。

最终两人冲破了重重艰难，在夕阳落山之前赶到了酒店，迎来了那天最后的一抹夕阳。那一刻程小竹就觉得，易阳的绅士风度，帅气的样子，和那日的夕阳才是人生中收获最美的风景。

后来，程小竹才知道，两人原来是一个爬山社的。于是，他们开始了频繁联系。这段感情，慢慢变成了恋情。

再后来两个人一起结伴去了云南，去了西藏，去了三亚。程小竹在旅行过程中也发过脾气，小打小闹过，可一下子就被易阳哄回来了。

程小竹也在那时候，将自己生命中最重要的第一次交给了易阳。

易阳说他会娶她，呵护备至一辈子。

单纯的程小竹也坚信他看她的那坚定眼神，坚信他说爱她。

但大环境里失业的风波愈演愈烈，易阳后来也遇到了失业的麻烦事。他渐渐地没法参加爬山社的活动了。这也就代表着程小竹没法再和他见面了，于是程小竹打听了他住的地址，将自己的东西一个麻袋一打包，就搬了进去。

程小竹的父母曾经打电话给程小竹，说是让她回老家吧，给她找了一个好工作，别在外漂着了。可为了初恋，程小竹哪里听得进，她敷衍着自己的爸妈说这个城市里工作稍轻松，又比老家的工作赚钱，于是坚持留在了这里。

程小竹可不会告诉自己的父母，她是因为想要和易阳在一起才这么说的。

于是她成了他的贤内助，她以为住在一起，过着夫妻般的生活，就能更好地和易阳相处，了解他的喜好，了解他的生活。

可是面临两人均失业的窘境，程小竹不得不开始了她的上班生活。或许是程小竹的优秀，简历是投一个中一个。程小竹挑了一个待遇稍高的工作，于是做好了晚饭等着回家的易阳。

"易阳，我进了世界500强的公司呢！以后我们的小家庭就不用愁啦！"

第七章
分手吧，阅读使我更美丽

"哦。"听着程小竹毫无心机地阐述未来，易阳的心里微微有些不乐意。

"易阳啊，我投出去了5份简历，全中！工作那么好找，你认真点找啊……"程小竹欢快地进厨房拿了碗筷。

易阳不觉得这是程小竹没心没肺的说辞，他认为是她一点儿也没有做他的贤内助，而是一直嘲笑他的能力。

男人往往不愿在喜欢的女人面前低头，承认自己很不如人，易阳也是这样，他尤其不能接受程小竹比自己先找到工作还如此耀武扬威的样子。

于是易阳开始渐渐疏离远了程小竹，他哪有大把的时间陪程小竹，因为生活的不易，他得拿着厚厚的简历奔走在各个公司面试的场地间。

可这么一来，两人的爱情却渐渐背道而驰。

终于，功夫不负有心人，易阳总算是接到了一家公司人事部打来的录用电话，是一家小公司，程小竹不满意。

"小公司呢！"两人在一家高级餐厅，易阳想为自己庆祝一番，却得到了程小竹这样的回答，"易阳，你再找找呗！这么小的公司能干出什么呀，咱们找个大公司为了以后更好地生活呀！"

生活，生活。

易阳又一次觉得眼前这个女人从刚开始的百般顺从到了如今过日子的指手画脚，这顿饭两人吃得都不是特别满意。

但日子还是紧赶慢赶地过着，易阳很忙，小公司里的事杂乱琐碎，有些时候甚至忙得连饭都没时间吃。程小竹工作特别悠闲，于是空余时间她总是研究新的菜品，想让易阳尝尝她新学的手艺，但是易阳每次都没时间。

于是受不了冷遇的程小竹，又和易阳吵了一架。

这一架，让程小竹很生气。因为易阳责怪她只想着自己，没有顾全他。而她却觉得很委屈，做了一桌子的菜还被嫌弃。

她一粒米饭也没吃就夺门而出，也丝毫不顾自己只穿了一件薄薄的毛衣。

她想，易阳总会因为经不住自己的"离家出走"而到处寻找自己吧。

等易阳心思从工作中转移到生活上的时候，才发现程小竹早就没了影。

他拖着疲惫的身体到处去找，在两人从前登山时一直去的酒店门口，程小竹坐在地上捂着胃一言不发，脸色苍白，几乎失去了意识。

易阳看见她这么不顾自己的身体有些心疼，又觉得她不能理解自己的辛苦工作而无奈摇头，他将她送回了家，吃上胃药，然后说了些宽慰和道歉的话。

程小竹胃疼极了，她希望易阳陪在他身边做她的依靠，可是她不知道，易阳甩手匆匆去公司上班，为的就是竞争考查组长的份额，而如果当选了，那么这些天每日每夜的付出就值得了。

谁知等易阳拼命赶去单位的时候，竞选却已经结束了。虽说他的业绩在全公司属于佼佼者，但在公开考评时无故缺席，让他的形象瞬间粉碎不堪。

他一言不发，闷头坐在一旁。

他将程小竹伺候好了，却丢了唯一升职的机会。

晚上，易阳喝得醉醺醺才回去。程小竹看到易阳一到家连一句关心话都不说就倒在床上呼呼大睡，再看看自己拖着胃疼还要起床做的一大桌子饭菜等他回来，她心里的天平又失衡了。

第二天一早，程小竹再也憋不住了，她看见易阳换了衣服准备去上班，丝毫没有在意自己的身体。

"喂，易阳！你站住！"程小竹生气地面对易阳的背影发着公主脾气，"从昨天到今天你都没有关心过我，你再不对我好点，我我……我就绝食！"

顿时，昨日错过组长竞选之事的怒火又迅速燃烧起来，易阳将外套一把扔在地上，转过头盯着程小竹，"你能不能别这样？"

"我哪样了！我不就想你关心关心我吗？"程小竹委屈极了。

"我在忙工作，你耍脾气，你闹胃病。现在又说我不关心你，你不是无理取闹是什么！"易阳深吸了两口气，一副非常努力克制心中怒气的样子，"当初我怎么没看出来你是这样的人呢！"

程小竹惊住了，明明是他没有关心自己啊，为什么现在还这样对她？

"在你心里我就是这么一个无理取闹的人吗！"程小竹哭了起来，"你一点都不关心我的身体，对我不闻不问，半夜还喝得醉醺醺回来，你信不信，你再这样对我，你真的绝食给你看！"

易阳捡起地上的外套，冲出了门，丢下了一句狠狠的话："绝绝绝！程小竹，有本事你就绝成神仙！"

然后门"轰"地一下关上了。

程小竹看着紧闭的房门大喊："喂！死易阳！有本事你别回来！"

可程小竹刀子嘴豆腐心，晚上她还是做了饭等易阳回来，可是时间越过越快，电话越打越是关机，一直到了凌晨3点，易阳还是没回来。

外面下起了大雨，程小竹有些后悔自己让易阳别回来的话了。

她再也坐不住了，拿起伞就往外冲，她必须去找易阳。

以前，他们就算吵架吵得再凶，易阳也没有到了凌晨3点还没回来的时候。

她流着泪，撑着伞冲进雨里，大雨打湿了她的裤脚管，她去了易阳的公司，可是大门紧闭，她去了旅社，别人依旧没有看见易阳的身影。

程小竹捂着心口处传来的疼痛，蹲在雨里放声大哭。雨越下越大，她湿透了全身，这样的她，在霓虹灯下显得狼狈不堪。

终于，她走向了最后一个目标，他们登山那处的酒店。

这是牵着他们在一起的红线，是他们开始的地方，她想，或许易阳会在这里，重新感慨一下爱情来之不易。

记得有次爬山结束，大家都入住在了这家酒店内，碰巧那天也是程小竹的生日，但是一整天下来易阳却任何表示都没有，程小竹眼看着手机上的时间慢慢挪动到了23点55分。完蛋了，易阳一定是忘了。

她坐在酒店的角落，看着空荡荡的门口留下了酸涩的泪。

正在这时，灯光突然打了过来。酒店服务员推着一个偌大的三层蛋糕，易阳手里拿着一束红红的玫瑰花，走到程小竹面前。

程小竹怔怔地看着他，说不出话来。

"生日快乐，还有一分钟才过12点，从明天开始，你就是我的女朋友了！"易阳将玫瑰花递给程小竹温柔地说。

然后大灯打开，程小竹看见易阳流露的真挚眼神，然后重重地点了点头。酒店的服务员们为程小竹唱了首生日快乐歌。

后来程小竹说，这是她过的最难忘的生日了。

突然，她被一阵急促的敲门声惊醒。程小竹猛然醒来，自己竟然在一个陌生的环境里，周围全是白色，有着淡淡消毒水的味道。

她直不起身，她的胃很疼，她的头也痛得厉害。

她想起刚刚明明全身又湿又冷瘫坐在地上，挺着困意，执着地想等易阳的到来，可是越想越难过，越想越泣不成声。她心如刀绞，瘫坐在冰冷的地上。

那时她想等他，等他带她回家，等着这场已有裂痕的感情重修旧好。

"姑娘，你得了肺炎，再加上之前身体虚又淋雨着了凉，没有及时医治，送来的时候都晕倒了呢。"隔壁床的一对夫妇看见程小竹醒了，立马迎上去。

程小竹突然好像抓住了一根救命稻草，拉住隔壁大婶："大婶！是不是有个男生送我来的？是不是，是不是？"

她想，若是男生送的，那么一定是易阳回心转意，并且找到她了。

"听说是一对小夫妻呢，说你晕倒在了酒店门口，赶紧送医院的。"大婶回忆了一下。这一回忆，确实狠狠地砸进了程小竹的心里。

她赶紧摸出了手机，她想易阳一定会打电话或者发短信关心他吧。

果真，有一条短信，是易阳的。

可是短信却只有一句：分手吧，对不起。

凭什么！程小竹看着这几个字，哭得撕心裂肺，她可是什么都给了他啊，如今她就是要耍小性子，凭什么狠心到连她住医都不来看她！

她不管，她必须回拨过去，问问易阳到底是怎样想的。

可对方的电话却永远关机了。

她真的不懂，她以为自己耍着小性子，说了几句极端的话，做了几件疯狂的事儿可以留住自己爱的人，却不承想这会伤害了对方。

后来程小竹恢复单身的时候，无聊之余，她就打开书看，她看到书里丰富的人物，浪漫的爱情，她汲取着知识的源泉和书里的情节跌宕，以及人物的悲欢哭泣。她点了点头，这生活啊，就该这样呢。

我们再也无能为力的时候，想到唯一的办法或许只有伤害自己，博取对方的同情与在乎，来挽留这份感情。

当看到恋人心疼地站在身旁对我们呵护备至的时候，那一刻，觉得所有的疼痛都是值得的。但是，我们并不曾想到，原来伤害自己的方法用多了，就会像是"狼来了"一样的结局：换不回恋人的回头，反而将美好彻底打碎。

而我相信，我们终究会明白，再多的伤害自己也换不来温暖。

我们唯一能做的只有好好爱自己，在书本里找到快乐，在追求品质生活里寻找对自己最好的疗伤方式，让自己活得更加充实起来。

我的爱人是博士，但他却一直介意我的学历

小若

女主角：林真真

男主角：张然

分手原因：总认为爱的是学历而不是人

"唰唰唰……"

微信这般普遍，林真真也不能免俗。她打开微信做的第一件事就是摇一摇。

摇一摇，远至天边的朋友、近在脚底下毛茸茸的波斯猫都尽入眼前。

有人会说，猫也玩微信，太扯了吧！那是自然，猫当然不会玩微信，不过有个人用波斯猫的头像做了自己的头像，他就是林真真的男朋友，他叫张然。

男友张然就是林真真在微信里认识的。

林真真刚来到北京的时候，没事就摇摇微信，搜搜附近的人。

张然就是他在附近的人里加到的，当她打开张然的资料时，发现他的个性签名上是一个上联：自将青眼红尘外。

真酷！这是林真真的脑里浮现的词。

也许是为了对上对子，林真真便向他打了招呼，并且绞尽脑汁地查了百度搜狗等一系列的网站贴吧，才把下联敲了出来：素把诗才付丘山。

惊艳！这是张然看到有人用这种方式敲他好友申请后第一个想到的词。

随后微信就传来了好友申请，两人就这样成了好友。

那时候的林真真向往着地老天荒的爱情，于是只要有时间，两人就聊天，从天南聊到海北，在这个时代，肉体上的伴侣随处可有，灵魂上的知己却是屈指可数。

真真觉得自己遇上一个懂自己的人是多么不易，她被这个满是才气的张然深深地吸引，跌进了爱的罗网，却是不知天长地久有时尽。

久而久之，两人便约了一起见面。

那是真真第一次约张然见面，虽然两人都传过照片大致知道对方的模样，但是，在面包店里等待着见面的真真，手心里还是微微紧张地出了汗。

午后的阳光照进了小店，平添一股浪漫的色彩。

张然来了，笔挺的鼻子，俊朗的外表，还有久在书香里才有的儒雅气质，他手里正拿着一本尼采的《偶像的黄昏》，阳光温柔地打在书卷和他的侧脸上，空气中散发着墨香和烤面包的味道，这光影就像威尼斯画派大师乔尔乔内在《三哲人》中的青年。

《偶像的黄昏》讲的是美学中"醉"的状态，很显然，真真已经被眼前画面迷醉了。

张然看了看真真，淡淡地笑了："你好，我是张然。"

两个人点面包、奶茶。一见倾心。

后来真真才知道，这个眼前和她对上对子的男人，竟然是个博士生。

第七章
分手吧，阅读使我更美丽

在北京，学习成绩好的人不乏少数，这么说吧，擦肩而过的一个人就有可能是大本生，而真真却只有大专的文凭。

张然是博士生这个帽子，让她瞬间有了些望而生畏。

那时真真的反应是恋爱结婚，而张然却露出了她看不懂的表情。

而时间一长，真真便开始发现张然的不同，似乎再没有原先两人一见相见恨晚的意思了。

有次两人去看电影，自然，以张然的资质一定不爱看你侬我侬的青春偶像剧，于是真真便随着张然看了一场恐怖悬疑片《恐怖游轮》。

这是一个引人深思的影片，终点便是开始，开始便是终点。

电影里的女主角陷入无尽的轮回中，张然被影片的巧妙架构深深震惊了。

出电影院，张然就在感慨："开始的开始便是结束的结束。这是一个引人深思的哲学问题。"

真真却笑得直不起腰："嘿，张然，你太逗了。这么无聊的烂电影，我看得都快睡着了，怎么被你说得这么好！"

张然听着直皱眉："真真你难道没觉得这像西西弗斯的世界吗？"

"啊？什么？西西弗斯的世界又是哪家冰激凌店？"真真甩着一个大疑问面对张然。

张然有些恼了："真真，别开玩笑。"

"没开玩笑呀，那个西西弗斯的世界到底是啥呀？不会是一种新菜品吧，有时间你带我去吃，我厨艺可不是一般的赞，吃一次准保知道怎么做！到时我给你做，好不好？"真真一提到烹饪立刻自信起来。

"你真的一点儿也没看懂？"

"刚才那电影里连一个美女帅哥都没有，花钱看这种电影，糟糕透了。"真真没顾着张然的叹气，自顾自地说着。

之后的一天里，真真没看到张然，两人便在微信中联系。

真真问："你在干吗呢？"

不一会儿那边传来了回话："我在听讲座，老师正在讲美学史。"

真真看着回话，不假思索地敲手机："美学史？是讲美学呀！我最会的就是怎么美了，tony老师电视里今天说的眼影新技术，我一学就会，我聪明吧！"

之后那边就发来了一排省略号，谈话也不了了之。

那刻，真真就算再笨，也能看出自从他知道自己是大专学历之后，心里已经渐渐与自己树立起了等级之差。

认知与生活本就有一条不可逾越的鸿沟，张然和真真的爱情就是这般。

那天真真和张然在公园里散步，真真问："你最近怎么了，有时候在微信上你也不回我。"

张然淡淡地说："没什么，最近比较忙……"

"忙什么呢？很累吗？我可以帮上什么忙吗？"真真关切地问。

"没事，就是学术上的一些问题，你也不懂，帮不上的。"张然微微扬起了头，漫不经心地说着。

最无奈的便是我本将心向明月，奈何明月照沟渠。真真还真有些难过。难过的不是张然说出口的这句伤人的话，而是在不知不觉中流露出的嘲讽。

他介意她的学历，他介意她的资质平平。

后来两人之间的差别矛盾愈演愈烈，有次张然的同学请客吃饭，非要叫上真真一同前往，无奈，受不了同学的吹捧，张然把真真接了过来。

真真长得漂亮，好几个同学都夸张然有福气。

大家围坐在了一家全英语的餐厅，真真的周围全是博士生，他们都在谈论一些学术上的问题，真真有些听不懂，也无从插话。

最后只好一个人在那里玩微信，真真和自己的一个小学妹聊得一时兴起，微笑铃声嘀嘀嗒嗒响个不停，渐渐开始打扰到博士生们的学术讨论，惹得张然的几个同学纷纷侧目，向真真投射出不满的眼神。

见情形，张然马上故意清了清喉咙给真真暗示，谁想真真太投入了，根本没有留意到这场面的尴尬。

"真真，你玩什么呢？"其中一位张然的同学见状况不太好，故意出来缓解。

"没什么，我在和小学妹聊点专业问题。"真真依旧低着头，乐此不疲地噼里啪啦发着微信。

"哦？专业问题？来说说，什么专业问题？"

"啊，她问我做可乐鸡翅的时候放不放辣椒……"

此话一出，惹得在场的同学们面面相觑后仰头大笑。

张然觉得脸发烫，在桌子下面用力地踢了真真一脚。

"啊！"真真一声叫，这才抬起头看见张然和他的同学们这夸张的大笑，她扯了扯嘴，因为那笑声中有太多是鄙夷的味道，她偷偷向张然吐了吐舌头。

此时的张然已经难堪得要命，脸色憋得通红。

点单的时候，服务员小姐来到了真真身边，说了一口流利的英语，而真真却像个十足的文盲，她听不懂，也不知道如何说。

周围的博士生们表面上不介意真真的出丑，却私底下对张然找到这么一个低水平的女友而嘲笑不堪,真真看明白了这群博士生们席间的丑陋嘴脸。

她准备反击,给这些自以为是的博士生们一点颜色看看。

"我给大家讲个我昨晚发生的真事吧。"真真突然开口,张然想拦都拦不住。

其中有个博士生调侃着说了句:"是不是辣椒放多了,把张然辣哭啦?"

众人大笑。

"不是,我昨天误打误撞进了一个博士生群。"见博士生们的注意力都被吸引过来,真真接着说:"他们在讨论一滴水从9千英尺的高空坠落,砸在一个人的头顶会产生多大的影响力……"

说到这儿的时候,席间好几位博士生开始交头接耳,有的甚至已经开始拿出计算器演算起来,气氛一度高涨。

其中一位博士生经过一番冥思推了推眼镜问:"是啊,这个问题需要很专业的推演,你在那个群里得到答案了吗?"

张然也摇着头,众人又将目光齐刷刷地投向真真。

真真嘴角一扬:"他们当时也和你们一样,什么牛顿第一力学啊,什么万有引力啊,公式就引出了好几页,争论非常激烈呢。后来我说……"

"你说什么,快说呀!"那一双双求知的眼神,刚刚的轻蔑早已荡然无存。

"哈哈,你们难道没被雨淋过吗?"说完,真真哈哈大笑,"然后我就被踢出群了……唉,学霸们的世界真心不是我们这种学渣能理解呀,真郁闷!"看着这群自以为是的张然的同学们,可算出了口恶气。

张然能感觉到,他的这群同学们被挖苦讽刺后的愤怒和不满,整个餐桌上除了真真爽朗的笑声以外,气氛完全跌入冰点。

"够了!有意思吗,你觉得有意思吗?真真,你真是不可理喻,愚不可及!"张然怒了,起身暴着太阳穴的青筋转身就走。

第七章
分手吧，阅读使我更美丽

真真的笑容戛然而止，她被吓到了，呆若木鸡 3 秒钟后随即追了出去。

"我做错了什么！"真真略带着哭腔地问，"我哪里不对了，是他们先对我那样的，我只不过是开个玩笑有那么严重吗？"

张然有些恼："真真，你连一点小事情都做不好，我们去看个电影你说它没品位，我和你说我在上美学史，你竟然说起了你的美容，我们去外国人开的餐厅吃饭，你看你今天简直像个家庭妇女，你这样，我们怎么在一起？还是分手算了！"

"说到底，你就是不爱我！"真真也真的生气了，她喊道，"你就是介意我的学历！"

"是，我是介意你的学历。可我原来以为爱可以包容一切，所以我和你在一起！"张然淡淡地说着，"可是看来我高估了这个等级差，我们是两个世界的人！"

"每次你都拿我的文凭说话，不就是博士吗？有什么了不起！"

"对，是没什么了不起，但至少是你这辈子也不可到达的高度。"张然的这句话，一下子把真真推下万丈寒池。

"我最后问你一句，如果让你再选一次，你会选一个冷冰冰的博士女还是选一个每天给你变换花样去做各地小炒的大专贤妻？"

张然咬了咬牙："有什么大不了，去外面吃就 OK 了！"

真真反倒笑了，她点点头，泪水跟着点头的动作跌落到了地上，摔得粉碎，真真颤抖着声线说："张然，祝你好运！再见！"

说完，真真和张然背向而去。

那刻，真真觉得张然在八千米的珠峰上如沐春风，而自己却在亚马孙雨林的河流里千里冰封。六月的天空，真真却感觉到了透骨的凉。

因为分手的缘故，真真有好几天没去工作了，在租住的房间里，她食不下咽，人也消瘦了。她的头刺骨地疼，好像是要裂开一样，十分痛苦。

她一直在想张然说的话。

对，她考不上好的大学，但她一直在很努力地生活。

凭什么在爱的世界里，爱非要和文凭有什么关系！

吵架后的三天，张然没来找过她，一句话也没有。那张波斯猫的头像也换成了一张死板的黑色博士帽标识。

那刻，林真真懂了，他们真的分手了。

后来，真真看到张然把微信个性签名都改了，他写道："爱是一把秤，低了哪头都不会幸福。"

真真明白，张然介意她的学历，更介意的是两人的这杆秤起初便是倾斜不平的，于是她果断地闭起眼睛，删除了张然的微信。

"开始的开始就是最后的最后，最后的最后亦是开始的开始。这的确是一个值得深思的哲学问题。"真真突然想到那时电影院门口，张然说的这句话。

也许从那时起，他们就该分手吧。

我们总是因为一些身外之物而忽略了本身的美好，虽然在这个社会里，学历是撬开职场和人生成功大门得心应手的敲门砖，但在爱情里它绝对不是！

在两个人的关系里，爱与付出成就了两人的婚姻，若是没有侃侃而谈的情感共鸣，若是没有执子之手的温暖呵护，却只有冷冰冰的说教与相互之间的等级差距，那么谈何获得幸福婚姻？

若是总想着用一张学历去换一纸婚契，那是多么讽刺的事情。

眷尔的治愈小语：提升内涵

男人在与女人相处的时候，除了看她的外表，更是看她的内涵。如果说某个男人仅仅只是想和漂亮的女人约会，一起出去玩，晚上还附带住一个宾馆，那么你漂亮就行，无须内涵。

可是，所有的女人总要步入婚姻的，男人若是想把女人娶回家，那么他一定会看这个女人的涵养程度。

因为漂亮肤浅的女人男人会用来玩儿，而有涵养的女人才是男人用来爱的。

越是涵养高的女孩子，越能找到魅力指数高的男孩子，这是成正比的。

你一定想做一个墨水多、情商高的女人，好过做一个智商低、情商弱的跟屁虫吧。而那些成熟、稳重的上品男人，在挑选陪伴一生的爱人时，也会更看重她的品行和内涵，就先不说会给双方的品质生活带来什么，至少结婚生孩子后，若是女人的素质涵养很差，那么在教育孩子方面就会比别人略显很多，甚至还会教坏孩子。所以女人啊，有内涵才能成就真女人，有文化才能塑造高品质生活。

你看看姣女神与叉衣架，完全是两个世界的人，一个资深网咖酷爱打游戏，另一个却是普通上班族，闲暇之余玩玩娱乐，两个人的基础矛盾都存在着，很难想象他们会美好地在一起，所以分手的结局，早就是意料在内的。

相比较上一对，程小竹和易阳的感情牢靠得多，初恋是苦涩的，初恋是百转千回的。程小竹以为将自己的全部都交给易阳后，两人就会有一个美满的结局，但是她忽略了，她总是一步步将易阳逼入谷底——第一次，她因为他的冷漠耍小脾气饿着肚子破门而出，结果得了胃炎；第二次，她因为胃疼想求男友留下陪她，却因他的一句上班而失落奔溃，她威胁说她要绝食！第三次，为了祝贺男友的生日，她在他们经常住的酒店里熬到肺炎，她说他是因为不爱她所以和她分的手，但她却不知道事情往往有双面性，你看到了男人的冷漠，却不知道问题出在自己的百般挑剔和无理取闹。

但如果说无理取闹，那么林真真和张然的爱情就有些甘苦自知了。

现实生活里存在了太多这样的问题，你相亲的时候，对方问你，你什么学校的？是大学吗？好像现在成了必问的项目了。所以林真真和张然的爱情也是因这样起，因这样灭。女人们，如果你觉得自己仅仅只是一个大专，会不会给人看不起，那么你一定不用担心，虽然你的学历文凭、职业技能、社交能力，是衡量你不可缺少的"资本"，但若你是一个在工作之外，还能不断吸纳知识的女性，那想一想，都会让人肃然起敬。

其实学习不仅仅只在那些20年的时光里，别把业余时间花在电视剧和服装店上，空下来，静下心，到书店里挑一挑有没有看得进去的书，你的居室里一定要摆几本书，你的枕边最好也摞起一堆书，因为知识是丰富你一生的老师。

罗曼·罗兰说过："多读些书吧，知识是唯一的美容佳品。书是女人气质的时装，书会让女人保持永恒的美丽。"

是啊，一个有文化、有内涵的女人，谈吐不俗，仪态万千，无论走到哪里都是一道靓丽的风景线。

(1) 在生活中加强积累，快乐生活

很多女人在和别人谈话的时候，别人都不爱听，她们总是会抱怨这抱怨那，将自己变成了一个十足的怨妇，女人应该懂得多多倾听。

倾听他人的心理世界，倾听他人的情感诉求，听得多了，你也会越来越看透其中，也会将越来越多丰富的知识变成你的东西，头头是道告诉别人。

知识、阅历、情感、生活等都能丰富一个女人的内心，这些"养分"是源泉，透过一根根血脉、一条条经络浸润着女人的容貌，直抵女人的心脏，将女人的全身心贯穿始末，从而提升着女人的品位和内涵。

(2) 从书籍、新闻里提取精华，融会贯通

自然，在女人提升自我成长的过程中，单靠倾听太单薄，我们必须付出十倍的努力去多看报纸、多聊新闻。似乎跟自己没有关系的政治大事多是男人在关注，但你作为女人，与男人生活在一个世界里，总要或多或少知道一些吧，也不能完全脱离了实际。你不能成为一个"一心只知穿着打扮，两耳不闻窗外事"的女人，除非你不说话，否则你一开口别人就能发现你的肤浅。

你的家里一定要有一套四大名著，这不仅仅是国粹文化，更是世界文著级别的书籍，若是你看完了四大名著，你也可以根据你的喜好，挑选一些暖心励志类的晚安故事，或者一些在国外畅销几百万册的高评价书籍。你会在阅读和评析中，感悟这本书带给你的体会和心得。

这些,都将能成为一股涓涓细流,流进女人的内心。

(3) 看电影,品音乐会,做个高品质有内涵的女人

女人,要有底蕴,底蕴是靠文化修养得来,最好能上通天文、下晓地理,知识面越宽越好。除了我们上述的两点外,我觉得电影和音乐同样会让人感悟颇深。

如今的快餐电影、快餐音乐太多,我们可以在话剧里看见《茶花女》的苦情,可以在音乐会里听到交响乐的激情碰撞,优美绵长……

我们更可以选择一些有价值的,有挖掘性的电影,充实自己的业余生活。

那么在这里,眷尔推荐一些经典的美剧电影:

关于爱情的《罗马假日》、关于执着的《阿甘正传》、关于哲理的《第七封印》、关于才华的《莫扎特传》、关于人生的《美国往事》、关于痛苦的《现代启示录》、关于责任的《辛德勒的名单》、关于信念的《肖申克的救赎》……

高尔基曾说过:"学问改变气质。"

这里的知识,不仅指的是书本上的知识,它还包括生存本领,以及适应家庭、工作、社会变化的能力。

一个女人,在拥有了丰富的知识之后,就会变得非常优秀,因为知识陶冶了她的情操,让她变得温文尔雅,善解人意,自然也就变得有内涵了。

第八章

分手吧，
理财让我成富婆

我们很相爱，却只能过苦日子

贾煜

女主角：夏瑶

男主角：黄子泓

分手原因：不懂得钱生钱

一踏进门，黄子泓就闻到熟悉的肉香味，他一边换上拖鞋一边喊道："瑶瑶，今天又做了什么好吃的？"

夏瑶从厨房走出来，抿嘴微笑，一脸神秘的样子。她将黄子泓推到饭桌前坐下说："吃什么不重要，重要的是今天我有礼物送给你。"

"呵，这倒是个惊喜，让我想想今天是什么好日子。"黄子泓说话间隙，夏瑶已经从卧室里拿出一个大盒子，拿到了他面前。

"不是好日子就不能送礼物了吗？拆开看看，喜欢不？"夏瑶期待着对方感动的表情。

黄子泓拆开包装盒，看到一台笔记本电脑躺在里面时，顿时就愣住了。他既没感动也没有感激，第一句话便是问道："这多少钱？哪来的钱买的？"

夏瑶也愣了一下，听出他质问的语气，嗫嚅道："也就15000元，是那笔你要投股市的钱买的。"

黄子泓一时语塞，夏瑶赶紧解释说："子泓，我知道你很想要一台新电脑，每次加班你总待在办公室，就因为家里的电脑太破了，配置太低，让你画不了设计图，如果有了新电脑，你就可以把工作带回家，这多好。"

黄子泓叹了一口气，抱住夏瑶，语气软了下来："瑶瑶，谢谢你的好意，但以后别再为我花这些钱了，行吗？"

夏瑶认真地点点头，"嗯"了一声，干脆而坚定。

这已经不是他第一次说这样的话了，每次夏瑶给他的惊喜，都只有惊，没有喜。虽说这次买电脑完全出于她的爱意，可一想到这笔钱是他省吃俭用准备用来投资的，他就心疼不已。这下可好了，等下次再有积蓄投股市的话，恐怕牛市早已成了过眼云烟。

想着想着，黄子泓默默地苦笑了出来。

黄子泓和夏瑶相恋四年，大学一毕业就结了婚——裸婚。

两人在婚后共同按揭了一套小户型，住在40多平方米的房里，每月还了贷款后，便所剩无几。日子虽然过得拮据，但两人相亲相爱，爱情的甜蜜冲淡了烦恼，也为他们营造出一个温馨的家。

住房买在郊外，每天清晨，黄子泓都要花2个小时坐地铁上班，夏瑶工作的地方相对近一点，但坐公交车的话也要花上1个多小时，只不过她从来不坐公交，而是打车上班，说是为了可以多睡会儿美容觉。

赶不赶公交是小事，养成习惯没有计划地花钱才是大事，黄子泓知道迟早有一天，他俩会因此遭殃。果然，到月底还房贷时，他收到了银行的短信，提醒他卡里余额不足。

黄子泓这才想起前天因公事垫了一笔钱，本想月底来不及报销的话，可以先拿炒股的钱还房贷，可现在那些钱都变成了一台电脑。

他把催款短信转发给夏瑶，打电话责怪她："你看你乱花钱，这个月我们怎么还房贷？"

若是谈恋爱那会儿，夏瑶肯定会说没钱找父母，但现在因为买了房，双方父母帮他们付了首付款后，几乎是倾家荡产，他们再也没脸伸手要钱。

所以一旦遇上什么经济困难，他们都是想方设法地找朋友借，绝口不提"父母"二字。

夏瑶本想同往常一样和黄子泓拌拌嘴，但一听他的语气，再一听他说乱花钱，立刻没了好心情。她沉下脸说："我为你买电脑叫乱花钱？你别得了便宜又卖乖。"

黄子泓也生气了："我说过很多遍，家里要有点积蓄以备急用，我们必须存点钱理财，你就是不听！我现在不想和你吵，还是想想办法怎么还贷款吧。"

"借钱呗！"夏瑶甩下三个字后便挂了电话，黄子泓气得差点摔手机，每次遇到这种烂摊子，都是由他来收拾，而真正肇事者的她却逍遥自在，事后一点儿也不汲取教训。

这天晚上，夏瑶等黄子泓回家，一直等到凌晨。起初她以为他在加班，后来打去电话，黄子泓手机和他办公室座机都没人接，她才感到事情不妙。晚上十点多，突然电闪雷鸣，下起了暴雨，夏瑶听着窗外鬼哭狼嚎的风声，开始惴惴不安。

正当她准备出门找黄子泓时，房门"咚咚"响了起来，有人在敲门。

打开门时，一个人贴着门倒下来，夏瑶吓了一跳，定睛一看，竟然是黄子泓。

她扶起他，见他浑身湿透，满脸通红，下意识地摸了摸他的额头，滚烫！

"子泓，你可别吓我。"夏瑶六神无主。

黄子泓有气无力地说："别担心，只是淋了雨，小感冒。"

夏瑶赶忙将他淋湿的衣服脱下，换上干爽的睡衣，并从药柜里找出应急的感冒药，喂他吃下。

"干吗不接电话，还这么晚回家？"夏瑶问，"是不是还在生我的气？"

黄子泓声音微弱地说："手机开的震动，放在包里没注意。这不是为了还贷嘛，我接了一个私活，今晚去谈合同的，你瞧，我拿了订金，这样咱就可以不借钱了，连这个月的房贷也能还上了。"

夏瑶知道他拼命工作就是为了家，而自己没有一点理财的意识，还总让他陷入经济危机，实在不是个好妻子，于是她有些对自己恼，惭愧地说道："子泓，今后家里的财政大权都交给你，由你来支配我俩的钱，我什么都听你的。"

黄子泓握住她的手，欣慰地看着她，点了点头。

他想，这次，她终于开窍了呢。

房贷的危机刚解除，紧接着黄子泓的一场病，又让两人陷入窘境。那晚他淋了雨，只随便吃了点感冒药，后来也没太注意，加上平时运动少、频繁熬夜，结果把病拖成了肺炎，几天后不得不进了医院。

昂贵的医药费让两人一筹莫展，黄子泓不得不卖掉新电脑，换的钱交了医药费。夏瑶知道后一肚子气，若不是见他还生着病，肯定又要大吵一架，自己好心好意送他礼物，他不领情就算了，还转眼以低价卖给了别人。

黄子泓对她好说歹说，再三劝解，才让她消了一点气。

为了不耽误工作，更为节省费用，黄子泓没有住院，而是在医院旁找了一家诊所打吊瓶。他把打吊瓶的时间安排在晚上，这样既节约了钱，又可以清静地画设计图了。

夏瑶每天晚上陪他去诊所，在他输液时体贴入微，一会儿喂他吃点小点心，一会儿又给他捶捶背捏捏腿，引来小护士羡慕之情。

她见他生了病还坚持工作，捧着他憔悴的脸，心疼地说："子泓，医生说休息比吃药、挂水都重要，你还是乖乖听话，休息几天吧。"

黄子泓盯着借来的笔记本电脑，头也不抬地说："不行，白天我要上班，只有晚上做这些私活，如果不在规定时间内交上设计图，后面的钱就都拿不到。"

夏瑶叹了口气，不再作声。

这一切表面上好像与她无关，但她知道，还不上房贷，黄子泓接私活以及生病，都是她乱用理财的钱造成的连锁反应。

又一天晚上，黄子泓打吊瓶时接到一个电话，挂了电话后他掩饰不住兴奋的表情，拉着夏瑶："瑶瑶，我俩的家庭账户号是多少，马上有笔钱要进账了。"

夏瑶也兴奋起来，听他解释钱的来历。

原来黄子泓的设计图在一次比赛中拿了头奖，奖金丰厚，他等了三个月，终于等到要发奖金了。

"这么好的事，怎么从来没听你说过？"夏瑶问。

黄子泓得意地说："我是想拿到钱时，也给你一个小小的惊喜。"

"什么小惊喜，简直是天大的惊喜！"夏瑶乐得抱住他，亲了又亲。

七天后，黄子泓打完吊瓶，精神逐渐恢复过来，又开始关注起理财。自从错过上一轮的牛市后，他决定这次按朋友的推荐，买一些稳妥的理财产品。

这天他下班回家，准备把自己选好的产品告诉夏瑶，不等他开口，夏瑶就先扑进他怀里,甜腻地说:"亲爱的,我们好像很久没出去浪漫过了。"

"你想去哪儿浪漫?"

她从兜里掏出一信封说:"哈哈,我想去这里。"

黄子泓打开信封一看,顿时傻了眼,面色沉重,脸色铁青。

信封里竟是两张去布达佩斯的机票!

我的天,黄子泓顿时就有种分分钟入地狱的感觉。

夏瑶却在一边快活地说:"你打吊瓶那几晚,我见你画设计图时经常停下来翻看东欧的建筑,我就想起你以前说过呀,这辈子最大的梦想就是去那里,所以我订了东欧10日精品游,让你尽早去实现你的梦想。"

不用问黄子泓都知道这报团的钱是怎么来的,他那笔奖金的钱还没到自己的口袋里多捂热几天,就这么支付掉了,而且他还正准备拿出来买理财产品,想到一次次存款都被夏瑶"精心"安排掉,黄子泓不由一阵心塞。

不过这次他没有表现出生气,一来因为对夏瑶的细心备感温暖,因为她爱他,才会为他买这买那,二来因为东欧确实是他向往已久的地方,他现在正需要去那里找找灵感来完成手里的活,所以他只是淡淡说了句:"瑶瑶,可别忘了你的承诺哦,你说过家里的财权都由我掌控的哦……"

夏瑶立刻做了个敬礼的姿势:"遵命,我谨遵诺言。"

就这样,两人飞往了布达佩斯,沿着多瑙河到了斯洛伐克、奥地利,还在音乐之都维也纳,听了一场浪漫的音乐会。

黄子泓来到心仪已久的地方,从东欧拜占庭建筑风格中找到了很多灵感,他奋笔设计,旅游一结束,他就连夜赶制出了自己的建筑图。

可是十天后他们回到家里,面对着柴米油盐酱醋茶的生活,两人才意识到,苦日子又要来临了。

第八章
分手吧，理财让我成富婆

东欧游让人感觉身在天堂，可这一身，却是要花掉他们所有的积蓄。

日子于是变得捉襟见肘，他们勒紧了裤腰带，省吃俭用、节衣缩食，再一次挣扎在了穷困的边缘。

那段时间，两个人天天吃方便面，喝咸菜汤，买任何东西都是在网上淘便宜货，能省一分则是一分。

黄子泓把零散的钱暂时存在余额宝里，等着积蓄多了，再实行理财计划。其实他和夏瑶的工资并不低，只不过每月要还房贷，加上夏瑶毫无规划地花钱，才会导致生活总过得紧紧巴巴。

后来黄子泓因为公司封闭式培训，要大半个月才能回来，他走之前千叮咛万嘱咐要夏瑶不要乱花钱，夏瑶一边郑重点头，一边牙痒痒地看着网购特价处。

自然，越是没钱，越是惦记着花钱。

在这大半个月里，没人看着夏瑶，她的网购毛病成了习惯，她甚至每天都要抢购一些东西心里才会舒坦。当黄子泓封闭式培训回来无意间查了查余额宝的金额，不看还行，一看差点晕过去，两人的存款已经变回了三位数。

这个账号是他俩公用的，里面的钱大部分都网购了乱七八糟的东西。于是，这一次一次积压在他心里的郁闷一下子被激发了出来，他看着只会乱花钱的夏瑶大吼道："夏瑶！你太过分了！说好的理财呢？你一次又一次这样，你就这么想一辈子过穷日子？"

夏瑶自知理亏，解释说："我没有乱花钱，买的都是平时会用到的东西。"

黄子泓瞟了一眼客厅角落，无语地说："几大箱卫生纸、洗涤剂、方便面……你是想开个超市还是想搞个批发？！"

"我看着便宜才买的，也不知怎么就买了这么多。"夏瑶嘀咕道，"再说了，理财真的那么重要吗？我们只要努力工作，一样可以摆脱穷日子。"

"理财和努力工作同样重要！就盼着那点死工资，单身的话还行，但要养房养车养家，那就只能过穷日子！你看看结婚一年多，我们家像什么样子！你有没有想过我们的未来？我们现在还没孩子，以后有了孩子怎么过?!"

未来？夏瑶确实没太想过，她不懂，那些心灵鸡汤的书上不都写着说只要能把握住现在就好了吗，她不过是想好好爱他，难道这样也错了？

几天后，夏瑶下班回家，发现黄子泓的拖箱没了，漱口杯里只剩下她一个人的牙刷。她在桌上看见一张纸条，上面写着："我申请到一个借调的机会，要去深圳工作半年，我实在太累了，你我都好好想想吧。子泓。"

才回来不到一周就又走了，夏瑶知道这次他是真生了气，那一刻她忽然觉得，一个女人懂不懂规划钱，在黄子泓看来真的是如此的重要。

相爱容易相守难。我们因心动而相恋，因离不开而结婚，以为日子就在你侬我侬中浪漫而过，谁想婚姻不只是单纯依恋将我们简单地捆绑，更是要把我们的思想、认知、健康、经济等绑定在了一起。

我们有了个称为"家"的地方，虽然爱情是它的发起之源，却不是守护它的长久之计。如果结婚前我们以为恩爱就是及时行乐，那么结婚后我们就要懂得，恩爱更在于为对方、为这个家创造美好的明天。

女人们，光会攒钱是不够的，我们要学会投资，给爱人一份可靠的保障，让钱生钱。随着时间的增长，你一定会发现，能让钱生钱的女人，懂得理财投资的女人，处理的不仅是财富，更是夫妻间的信任、爱情的安全感和一个家的未来。

他说我是个信用卡高消费的女人

葛鸣

女主角： 阿萝

男主角： 程远

分手原因： 信用卡"卡"住了生活

厨房的米粥开始冒出阵阵清香，阿萝盛了一碗，吃得津津有味。她看了一眼这个海淘来的全自动电饭煲，煲粥煲汤煲小菜一应俱全，她喜欢这个电饭煲很久了，正赶上特价活动，一闭眼信用卡一刷，米粥煮出来果然不一样。

卧室里传出丈夫程远的声音，他又去接了一个工程设计项目，忙得不可开交。

阿萝有些心疼他，要不是为了还他们还不起的消费金额，程远也不会这么拼命接活了。阿萝下意识地转头，但相隔几米之距的卧室却堵住她和程远的交流。

电视上正在播《一个购物狂的自白》这部电影，阿萝端坐在地上，眼睛一动不动盯着看，这是部老片子，程远曾陪她一起看过。

按理说这部轻松愉快的电影，阿萝应该愉悦身心，但她的表情严肃极了。

当年程远带她看的时候，她可是笑得没心没肺，程远却吐槽着这本电影没营养，有这时间还不如多看几本书，却一边吐槽，一边紧拉着阿萝的手不放开。那时黑暗中，阿萝看程远的眼神都要溢出光来。

如今阿萝感到好笑，两人结婚还没几年，好不容易都有了共同休息的日子，却被负债缠身，浪费了这连日阴雨却在今日骤然变晴的天空。

电影中的女主角丽贝卡是一个购物狂，她克制不了喜欢购物的冲动，她说购物的时候，那感觉太美妙，一张信用卡可以把喜欢的东西全部买下来。

阿萝好像看见了大学时的自己，自从跟程远结婚后，她真的改变了许多。

自然，两人的冷战，就是因为阿萝的乱消费。昨天，信用卡还款账单寄到了家里，被程远无意间看见了还款金额，吓得他不敢相信自己的眼睛。

"你怎么就死性不改呢！我现在根本没有那么多钱让你挥霍！"程远看着这"亚历山大"的还款金额，气急败坏地大声说道。

阿萝很委屈，这些钱花在了阿萝觉得非常需要的地方，他们租住的小房子太简陋，阿萝想置办物品，让两个人的小家变得更加温馨。但是什么都要买，什么都要钱，阿萝的工资根本就不够，只好透支信用卡，可是到了还款日就头疼了。

"好嘛，我下次肯定不买了！"阿萝发着誓，端了一碗香喷喷的粥，作讨好状，"这个外国的电饭煲真是好呢，你尝尝，煮出来的米粥又香又软！"

"下次可不许乱花钱了！不然我接多少个项目都还不清！"程远看了一眼知道错的阿萝，又看了一眼冒着热气的米粥，无奈地摇了摇头。

他们连那只海淘的电饭煲还没还清呢，现在还有一大笔布置房子的钱，

第八章
分手吧，理财让我成富婆

程远继续埋头自己新接下来的工程设计图，微微叹了口气。

几天温温火火就过去了，可程远不知道，一起寄来的，除了万恶的还款单，还有大学时期和阿萝关系最铁学姐的"红色炸弹"。

学姐要结婚了，阿萝翻了翻自己的衣橱，工作这些日子以来，自己的小洋装可是买了好几套，以至于每次参加婚礼都穿得夺目光彩，但这次不同，大学关系最铁的人结了婚，除了把自己打扮得漂亮，也要把程远打扮帅气了。

可是一套好的西装，价格是不菲的，更何况是名牌。而且程远前几天还叮嘱过自己不要乱花钱，阿萝站在阿玛尼品牌店门口，思来想去，踌躇不定。

可怎么回事，阿萝眼睛一眨，橱窗里精致的假人仿佛都活了，它们摆出各种欢迎的姿势，诱惑着阿萝进去看看。

她的心好似被蛊惑了一般，看看吧，看看也不代表一定会买。

阿萝又向前沉沦了一步，她走进了店内。店里的男装不是太贵，就是样子不喜欢，终于，阿萝在一个银灰的男士套装面前停下脚步，她仔仔细细地看着，反反复复地想着，购买这件衣服给程远的念头一下子充满了她整个脑袋。

她想，这件衣服穿在程远身上必定也如模特那样挺拔吧！

店内的导购小姐看见阿萝对这款银灰男装别有好感，缓缓走来，端起亲切的微笑："小姐眼光真好，这套是我们阿玛尼品牌中最畅销、最经典的一款，面料细腻，穿着也挺拔，最重要长久不衰呢！"

"多少钱？"阿萝淡淡地问道。

"32000 元。"导购小姐微笑的脸让阿萝快要晕倒了。

这么贵，阿萝瞥了钱夹里黑色的信用卡，这张信用卡被她放在了钱包最深处，不是大金额的价格，她才不会轻易拿出这张卡。

她又咬了咬嘴唇，试图寻找这款男装的瑕疵，以求给自己一个不买的理由。

可导购小姐又来了一个诱惑，她叫住了阿萝，"小姐，您的那张信用卡是 VIP 呢，在我们店如果购这款男装的话，可以在原来的基础上有赠送积分活动哦，我们最多可以给您打 95 折。这样算下来，您买这衣服便宜了好几百元呢……"

一听又有积分，又可以打折的，阿萝歪着脑袋，心里更加痒痒的了。

"这男人的西装啊，就是我们女人的鞋子，女人认为好的鞋子可以带我们通往幸福的地方，而好的西装同样也能带给男人成功。"导购小姐这番"高谈阔论"又给了阿萝一个说服自己的理由，她特别赞同导购小姐的话。

西装是男人必备的，不管去洽谈客户还是参加重要活动。

更何况，平时忙碌的程远那么辛苦，买一套品牌西装的话，咱们就可以抵好几个宴会活动了！再说了，参加婚宴遇上的大学同学，若是看到程远穿得那么寒酸，心里指不定会如何编排自己呢！咱们可不能失了颜面。

阿萝越想越觉得这件西装必须买，她折着衣服继续说："再多给我点折扣哦！"

"30000！这是最低的价格了。"导购小姐拿着计算机，"啪啪啪"按。

"帮我把它包起来，"阿萝点了点头，拿出 VIP 信用卡。

女人购买的欲望一旦上头，理智瞬间被丢到脑后，眼睛一闭，卡一刷，东西就到手。这种感觉，就像是丽贝卡说的，太美妙了！

银色西服套装和信用卡又回到阿萝手里的那刻，她哆嗦了一下，这张卡可是她特别保密的，不能给程远看见。

她战战兢兢地将卡又塞进钱包最深处，暗暗地想，只要自己每个月偷偷还最低还款金额，多还几个月，程远也不会看见，钱也神不知鬼不觉地还上了。

回到家，她拿着婚宴的邀请函迫不及待地告诉程远，"程远，那个学姐你知道不，那时在学校和我最铁的，她过几天要结婚啦！"

程远淡淡地"哦"了一声，他还在忙他的设计图，头都没抬起来。

阿萝继续说着："我看你连件大气一点儿的西装都没有，我逛街看中了这件，给你买了。你抽个空试试合不合身？"阿萝特意将价格标签藏住，不让程远看见。

"阿萝，你又乱花钱了？"程远一听见买衣服，头马上抬了起来。他接过阿萝手里的衣服，脸瞬间就难看了，"阿玛尼，这名牌套装价格超贵啊，多少钱？"

"是A货！够仿真吧？"阿萝为了不让程远生气，硬是胡编乱造了起来。

"是吗？"程远又看了看阿玛尼的牌子，摸了摸细滑的质感，疑惑地问。

"那当然，为了咱们参加婚礼嘛，穿好看点是很有必要的啊。"阿萝大气也不敢出，继续说着，"再说了，我自个儿的信用卡也刷不出这么大笔的限额呀！"

在阿萝的胡编乱造下，程远终于相信了，他也觉得阿萝每月2000多元的收入，肯定办不了太高额度的信用卡。

阿萝知道，万一如实相告，程远又会和她吵上好久，他和她计较钱的事儿，她也知道自己的工资根本买不起阿玛尼的五分之一，她想说一个小谎，等到将这件套装的最低还款全部还完后，这样就皆大欢喜了。

程远脸色渐渐和缓，他将衣服往桌边一扔，不再多说了。

阿萝赶紧将衣服捧了出去，这么大价钱的套装，弄脏了又得花钱了。

婚宴当日，阿萝由衷祝福，虽然她最后没嫁给大学相伴的那个人，但所幸自己和程远穿越漫长的岁月，携手走到如今。

宴席开场了，在座有许多大学的校友，有几年没见，少不了叙旧、感慨这些日子的生活。班长抢着给大家倒酒，这出入社会了，连说话都圆滑了不少。

班长一边敬酒一边大声嚷嚷着："你看我们当中就数程远和阿萝这口子混得最好，看看程远，阿玛尼套装都穿上了，有钱啊！"

还没等阿萝圆场，程远马上回敬，笑着说："哪能哪能，真是给各位见笑啊！这才不是真的阿玛尼呢，阿萝买的是 A 货……"

"兄弟，你这话我就不爱听了，正品和 A 货我还分不清吗？"班长喝了一点酒，说起话也头头是道起来，"阿玛尼有个专属的标签，A 货可没有！"

阿萝在一旁听得直冒汗，她眼睛睁得老大，背脊发凉。

这吃个饭，别人都会知道这不是 A 货？！阿萝看向程远，发现他正看向自己，像是说要给他一个交代一样，随后他给了她一个警告的表情，让她害怕。

宴席结束后，程远大步走回家，他的步伐跨得大，阿萝在后面战战兢兢，用跑的才能追上他，她的内心思绪万千，不知道如何开口。

又被他知道了，她又添了一笔卡债。

"哎哟，程远，你别生气了！"阿萝没忍住，还是先道了歉，"我错了！我不就是想让你穿得体面点嘛，我也是忍了好久……"

"结果没忍住是吗？"程远低低的声音响起，阿萝点了点头。

第八章
分手吧，理财让我成富婆

"那也就是说，这套西装是真的阿玛尼品牌？"程远指了指衣服，有些痛心疾首，"你说的这是 A 货，是骗我的喽？"

"程远，对不起嘛，我以为说了 A 货，你就不会怪我高消费了！"

"你也知道你高消费啊，阿萝，这普通的西装买一件已经够了，何况家里还有很多西装，你非得买这么贵的品牌西装，你以为咱们过的是千金日子啊？"程远很生气，他拿出了烟，狠狠地吸了几口，"还有，你哪里来的信用卡刷的，你的额度不可能有这么高……"

阿萝带着哭腔弱弱地说着："你的信用卡有一张附属卡，刷的是你的额度……"

程远气得快疯了，他喘了好几口气，脸色很难看。

他气阿萝乱消费，给原本的债务又添一笔；他气明明嘱咐了阿萝，她却克制不住；他气阿萝骗他，不给他基本的信任；他气阿萝擅自用了附属卡也不告诉自己……

所有的问题都像是滚雪球一样，愈来愈大。程远越想心里越烦躁，烟已经抽了好几根，但根本解决不了程远的生气，他打开门想要离开，阿萝却抱住了他。

"程远，对不起，我下次一定一定不刷卡了！"

"我觉得累，阿萝，不管是对于欠下的债务还是你时不时透支信用卡额度，我都感到累。这些信用卡，它卡住了我们的生活。"程远话一说口，阿萝哭得更大声了，"我不想一辈子为了还卡债而生活，周而复始……"

曾经，我们都曾笃定地以为，只要有爱情存在，就没有跨越不过的鸿沟。可是婚姻是多么细水长流的东西，它牵扯着爱，也牵扯着生活。

而信用卡就像那根系在生活和爱情两端的风筝线，收得太紧，绷断了线，爱情荡然无存；放得太开，就再也收不回来，爱情丢在了风里。

购物是女人的天性，谁都无法泯灭。

会购物的女人是美丽的，亦是会懂得生活之美，但同时也是一种危险的美丽，这种美丽会让平淡的爱情变得甘之如饴，也会让幸福的二人世界变得苦不堪言。

只有懂得理财，才能在爱情里智慧地消费。

我们会成长在不同的环境，我们可能没有显赫的家庭背景，我们或许个性不同、观念不同，但只要坚持，长久的爱便会在理财中更进一步，美满的生活也会在理财中得以更丰盛，我们一定可以成为后天有钱人！

别让信用卡"卡"住了生活，从今天开始，做个会理财的女人吧！

要知道赚钱+理财才能等于财富！

喝咖啡还是大碗茶，不能任我随意选

爱伦金

女主角：山茶

男主角：摩小卡

分手原因：没钱，没法左右心情

机场，山茶一个人坐在候机大厅的座位上，她要去云南了，她的手里拿着一本书，里面有二十多个失恋故事，每个故事都有着最美好的爱情却未必得到最美好的结局，失恋最痛苦的未必是对方给的，恰恰最疼的是自己走不出。

现在山茶的心情一点都不好，据说巧克力可以改善人的情绪，她想买一块，翻遍全身只剩下一枚一半的一元硬币，买不起。

摩小卡一直没有出现，山茶最后一个登机，然后她在空乘人员的第三次提示并监督下关闭了手机，按下关机键的时候，她知道这一切就真的结束了，看来茶和咖啡，真的由不得她来选。

飞机缓缓升至九千英尺的高空，它平稳地驶向彩云之南。空中小姐推着手推车经过山茶身边的时候问山茶需要喝点什么，茶还是咖啡？山茶弯起嘴角露出的是苦涩的笑，其实她本有机会自己来选择喝茶还是喝咖啡的，可惜……

同样是高空和地面的距离，就像现在的她和摩小卡。

摩小卡是北方人，山茶是南方人，两个人在云南相识，山茶当时正在一家茶园做指导工作，摩小卡的公司去云南接了一单小粒咖啡的生意，遇到大雨被迫留宿茶园，认识了山茶。两个人相谈甚欢，一聊到天明。没想到山茶撞上摩小卡，一杯叫作爱情的奶茶就这样煮出了小味道。

回去后，摩小卡根本受不了这种双城恋的相思苦，毅然决然地辞掉工作，行为冲动但是值得歌颂。他来到山茶的城市，从零做起。

摩小卡这人就是这么随性，生活全凭心情，从不从长计议，信奉及时行乐，所以出现在山茶面前的时候，孑然一身。几年里，一直都是薪水到手三天乐日子，什么都没攒下。

摩小卡来到山茶的城市第一个月工资，1600元，打电话给山茶，告诉山茶晚上要请她吃饭，而且要送山茶一件礼物。山茶电话里说吃饭可以，礼物就不必了，摩小卡能来到这座城市陪在自己身边已经是最贵重的礼物了。而且要想在这座城市站稳脚，平时要是没有理性的计划开支是一件特别危险的事。但摩小卡却特别豪爽地告诉山茶，今天第一次开薪水，必须纪念一下，可着高兴来，山茶不好再说扫兴的话，只好沉默作同意。

下班后，山茶看到摩小卡发来的吃饭地点是山人居的时候，她马上预感到摩小卡的这顿饭有点过了，山人居什么地方啊，那是一个吃饭都需要缴纳服务税的地方，在山茶看来那地方哪是吃饭啊，明明就是把百元大钞打成捆往嘴里扔。摩小卡那点薪水怕是今晚注定四大皆空，本想告诉摩小卡换一家，可没等电话打过去，摩小卡的截图已经发来，菜都点好了。

山茶只好赴约前往山人居，途中她在自动提款机取了自己一个月的工资留作后手，她不想摩小卡的开门红最后因为付不起饭钱而落了个遭收银员白眼的下场,那摩小卡的心情就全没了,奢侈就奢侈一回吧,谁让她是摩小卡的那朵山茶花呢。

到了山人居,一推门,嚯!满满当当一桌子人,全是摩小卡的同事,有几个甚至只有一面之缘,菜点了十几道,山茶的汗都下来了。整顿饭,大家吃得热闹,摩小卡笑得开心,唯独山茶,她在不断盘算着下一道菜上来后,两个人下半月该吃多少顿速食咸菜。

果不其然,摩小卡那点工资全拍在收银台上基本不够给那几道冷拼的,山茶暗自庆幸自己棋先一着,两个人这才算是全身而退。

回去的途中,路过一家连锁的银饰店,摩小卡指着橱窗里一条银手环对山茶说,在山茶老家哈尼族的小伙子都会送心爱的姑娘这样一条手环,这正就是他要送山茶的礼物,只可惜钱都花刚才那顿饭里了。

山茶拉着摩小卡宽慰:"哎哟,手环以后再送呗,等你下个月工资或者再攒几个月工资送我,只要我们在一起,什么时候送不都一样嘛,我都会非常珍惜,非常惊喜,非常开心。"

三个非常却换不回摩小卡一步的移动,他依旧盯着橱窗里的手环,难掩一脸的失落:"不一样,那意义就不一样了。"

没办法,摩小卡的手已经伸进口袋去摸自己的信用卡了,山茶看摩小卡已经拦不住了,只好陪他走进了银饰店。结果是山茶用自己的钱给自己买了这条手环,银手环特别合适,摩小卡亲自给山茶戴上,和山茶很配,摩小卡看着山茶乐开了花,相当满足。其实山茶心里苦笑,估摸着楼下超市里哪个牌子的泡面最近会打折更多一些。

那天回去以后,趁着热乎劲,山茶收了摩小卡所有的信用卡,那东西在摩小卡手里就是一板利斧,劈得生活之母连连叫苦。

山茶的公寓楼下有一家茶餐厅，那里有山茶最爱的蛋挞，配上一杯浓咖啡可以保证一整天的心情大好。要么就来一杯清茶，配上两块荞麦饼吃得清新，人也觉得舒畅，满满的田园风。

但是自从摩小卡和山茶在一起后，生活质量没有提升不说，倒是过得越发拮据起来。月初开的薪水几天内必是倾囊而出，空空如也。然后在接下来的一个月里过得拮据紧张，日子变得无比漫长，这导致了山茶开始没得选，只能是咬一口硬面包蹭茶餐厅老板家的免费热水，没钱，温饱成了首要问题，还哪有什么心情可追求。

山茶开始一点点感受到，她正在被生活驱赶着，两个人疲于奔命地行走在摩小卡刚来到这座城市的时候，曾经和山茶约定，等两个人攒够钱了，就在这座城市开一家属于自己的咖餐厅，摩小卡负责调各种口味奇幻的咖啡，山茶则把在家乡习得的茶道本领秀到极致，到时候一定会甩这座城市里所有咖餐厅几条街，管他什么连锁的，国际的，全都黯然。

到那时，想喝咖啡有摩小卡手到擒来，想品香茗有山茶在更是游刃有余。想想都觉得生活惬意，一定充满阳光和幸福的味道。

就这样两个人的伟大计划在摩小卡再一次开薪水的那天启动了。那天午饭时间，山茶就把摩小卡约到了银行的门口，一脸茫然的摩小卡被山茶拉进了银行。两个人在银行建一个账户将薪水定额按月存在里面，一卡一折，山茶和摩小卡各执一张，山茶比摩小卡晚开一天薪水，所以两个人约定以后每个山茶的薪水日中午午饭时间都来楼下的银行门口集合。

回家后，山茶在存折和银行卡的封面上贴了一个巨大的标签，上面写着：山茶摩卡的"蜂蜜罐"。超可爱，以至于每次去银行存钱都会逗笑前台柜员小姐。

山茶摩卡的"蜂蜜罐"里面开始变得丰盈起来，尽管刚开始的日子是苦

第八章
分手吧，理财让我成富婆

了点，但是总是满怀希望的，想想未来总是甜蜜的。在山茶看来生活正在一点点回到正轨，倒是摩小卡很长一段时间对生活失去了兴趣。

往往是这样的，当一个人养成了一种生活习惯或者说消费习惯，便很难改变。这就像是一种瘾，就算一时之间似乎做出了改变，但是复发率极高。

又到了山茶发薪水的日子，午饭时间山茶照例在银行门口等摩小卡一起去银行存山茶摩卡的"蜂蜜罐"。

左等不见人，右等不见人，山茶心想也许摩小卡工作忙中午抽不开身吧，于是山茶一个人去前台存钱。

"来存"蜂蜜罐"呀？"前台的柜员小姐早就已经认识了这两位可爱有趣的年轻人，山茶一坐下，柜员小姐热情地打着招呼。

山茶微笑着点头，将山茶摩卡的"蜂蜜罐"递给了柜员小姐。

这是山茶特别喜欢的时刻，她喜欢存折上的数字正在一点点靠近梦想里两个人生活的甜蜜感觉。

然而当山茶再一次接过柜员小姐递还给她的存折时，她看到上面余额数字那一刻的时候，傻眼了！

那个数字变短了，余额只剩下了原来的一半！

"没搞错吧。"山茶瞪着大眼睛看着柜员小姐。

柜员小姐拿回存折，复查后肯定地说："没有。"

山茶不好的猜测像一股电流一样瞬间袭过脑际。

"对了，小姐，经常和你一起来的男士昨天来时取走了总余额的一半存款，他是你男朋友吧？你可以打电话问问他。"柜员小姐说。

山茶的心死灰一样凉半截，看来真的是摩小卡。

山茶一分钟都等不了，她要去摩小卡的公司问个明白，好不容易向心里的生活迈出的一步没想到就这么再一次变得遥不可及。

可是在公司山茶并没有找到摩小卡，打电话也没人接，山茶慌了，那么大一活人就这么凭空蒸发了。

最后摩小卡公司里的一位同事告诉山茶，摩小卡请了年假，最近他总是郁郁寡欢，看上去整个人也魂不守舍，不知道有什么事？

山茶更急了，她忽然发现她其实并不了解自己的男朋友，甚至都不知道去哪里找他。

她开始拼命地给摩小卡发短信，发微信，发微博，一切可以用上的联系方式，内容只有一条：你在哪儿？到底怎么了！

傍晚，就在山茶蜷在被窝里哭个不停的时候，摩小卡终于回信了："山茶，我出去几天，我实在过得太压抑了，想出去放松一下。"

"怎么压抑了，哪里压抑了，你把我当什么人？"山茶噼里啪啦地发过去，她的手指在不停地发抖，紧张加气愤。

摩小卡秒回，看来他早就想好了怎么说："这不是我想要的生活，这种生活我过得压抑，你是我女朋友，我最爱的女人，但是现在我不确定。"

山茶看着屏幕，胸口堵得厉害："你想要的生活？那种只争朝夕，发薪水前三天像国王，剩下的二十七天活成乞丐？"

摩小卡回："如果你真爱我，你应该能够接受我的生活思维。"

山茶继续说着："可是你有想过我们的未来吗？就这么没计划，被动地让生活去改变我们吗？还有我们的咖餐厅怎么办，我们的山茶摩卡生活怎么办？"

摩小卡秒回："那是你的未来，你的咖餐厅，你的生活，不是我的。"

从那晚以后，摩小卡没有再回来，直到山茶告诉摩小卡她要去云南茶园了，这次要去很久，希望摩小卡能去机场送行，哪怕是分手也要面对面说再见不是。

第八章
分手吧，理财让我成富婆

信息发出去就像石沉大海，没有动静，也激不起波澜。

飞机在气流里有些颠簸，山茶坐在靠窗的位置，有点冷，她将身上的毯子向上拉了拉，那半枚硬币从她的口袋里滑落到了地上，山茶拾起它，它的另一半还在摩小卡手上。

记得那是摩小卡将第一个月工资挥霍一空的第二天早上，山茶鼓捣了一晚上，临上班前，山茶将半枚硬币放在摩小卡手上，摩小卡一头雾水地看着山茶不明所以。

山茶笑着帮摩小卡掸着西服上的灰尘说："小卡，我们未来的幸福和美丽心情可不是靠一夜笙箫里换来的，而是要从一块钱掰成两半儿花开始的哟。"

摩小卡笑着点头，嘴上应着明白，心里想着山茶的浪漫细腻心思，一枚硬币都能让他们的爱情美妙起来，但是其实他没有懂这半枚硬币的真正意义。

现在山茶手里拿着半枚硬币，眼角热了，脸颊红了，嘴唇抖了，她多希望摩小卡现在已经明白了其中真正的含义。

二人世界其实是这样的，彼此选择了对方，然后开始面对接下来无数次的选择，有的一起承担，有的互相拆台，很多人发现自己不再像一个人的时候那样可以从容做出选择。当一段情开始被束缚，特别是被物质束缚，被对方的生活观左右，而破坏了自己的一切本初，这段情也就变了味道，甘苦自知。

当然，每个人经营生活的理念各有不同，这也导致了人生的不同。

爱情，就是一场双人舞，当步调真的不同时，离开舞池也不失为一个好的选择，别等到踩伤了对方才一瘸一拐地离开，那就太不优雅了。

那么，既然我和你在一起时咖啡和茶没得选，那么分手吧，我一定会选择自己，更加努力，去完成这种追求的。

眷尔的治愈小语：理财生活

　　多可悲，上述的这三个故事，主人公们都有着想爱的心，也都有着长久的婚姻，却因为不懂得理财，而使婚姻到了"贫瘠"处。

　　夏瑶的乱花钱在老公黄子泓的反复告诫中终于达到了爆发点，他已经没有更多的能力去管住她，她以为爱他便是陪他出去玩，给他买他喜欢的东西，她不知道攒钱也是理财的一种方式，更不懂得钱生钱到底有多少好处。

　　而再看看阿萝，典型的购物达人，她花光了所有的积蓄，还口口声声说自己是买了生活必需品，他们的生活，是每天在还钱中度日如年，最后老公提出了冷静一下才得以告终，我想，她的老公实在无法忍受了吧，自己生活在一个处处将自己本打算有用的钱无止境挥霍的女人身边，可是你真的想看看买回来的东西吧，却没什么非买不可的理由。

　　再看看山茶与摩小卡，大碗茶和咖啡的选择，你喜欢哪个？

　　其实里面的一句话说得很对："二人世界其实是这样的，彼此选择了对方，然后开始面对接下来无数次的选择，有的一起承担，有的互相拆台，很多人发现自己不再像一个人的时候那样可以从容做出选择。"山茶在这点上非常难过，因为她面对的是一个拿着三天潇洒做国王，其余的二十七天没钱成为乞丐的男人，她无法想象辛辛苦苦努努力力存着的钱会一下子被他卷走。

她想买的东西都买不到，想过的生活也过不了，连想实现的梦想也实现不了。

其实为何呢，对方的生活观就是如此，何必破坏了一切本初，他本是一个将钱财预支的人，为何你要强扭他将钱财滞后。

于是到最后便是：你扭曲了钱，也扭曲了感情。这段情也就变得甘苦自知。

其实在一个家庭当中，夫妻二人把钱赚来了，不是为了取之任之，而是要学会合理支配，过着时刻有准备、有计划的生活，将每一件事处于自己的计划之中，以至于当家庭中遇到突发事件时，才不至于临时抱佛脚。

可男人终究是粗心的动物，如果靠丈夫有意识开始理财了，那未免有点儿太晚了，所以作为妻子，你应该有这样一份责任，合理地经营家庭。

理财实际上是一种态度，是一种观念，同时更是一种习惯。

一个人赚钱能力再强，如果不会理财，到了最后还是会落得两手空空，为衣食忧愁。

孔子云："君子爱财，取之有道；君子爱财，更应治之有道。"

这里的"取"就是赚钱，而"治"就是理财。

一个女人有多少钱，以及能够赚多少钱并不重要，重要的是她最终能够积累多少财富，这就不可避免地涉及了理财。换句话说，一个女人的财富越是有限，就越是需要通过投资理财来增加自己的财富。

我们必须谨记，理财的关键并不在于"财"的多少，而在于"理"得如何。只要我们观念清晰，并且方法正确，每一个女人都可以成为"白富美"。

（1）攒钱，是理财的开始

首先，我们要学会如何攒钱。

要想攒钱，就要做到合理消费。当今社会，物价水平很高，生活必需品也琳琅满目，我们有没有这样的感觉，在商场逛了一下午，想买的东西特别多，就像是排着队等我去买。

我想，大部分的女人都会有这个感受吧，因为女性大都喜欢逛商场，碰到喜欢的东西就想买，而丈夫又有一种宠爱妻子的心理，常常鼓励其消费。

所以在支出方面，女人们一定要牢牢把关，今天少挥霍一点，明天少挥霍一点，一个月多余的钱就这么被攒出来了。女人们啊，切记切记自己的冲动消费啊。

女人们应该每个月给家里要买的东西列张清单，不要买的或用不着的东西尽量别买，以免造成浪费。但你或许会问，若是女人也节制到像男人一样，不消费，不爱消费，不流连于这样的超市购物呢？

其实不然，女人在消费方面的自制力会比男人稍差一点，要让一个女人完全向男人那样去消费是不可能的，如果那样的话女人就不再是女人了，女人也就不再可爱了。购物是女人的天性，只是过度的消费会使你无财可理。

对此，我想了一个法子，那就是用最简单的"积少成多"法。

你将你自己的工资进行一个分配比例，每个月必须用掉多少，剩余多少余钱。你可以每个月定时将这些余钱放入新的一张借记卡中，收着银行的利息，既能起到攒钱的效果，又能起到保障的效果。

我们也曾设想一下，若是没有这一笔额外的钱，如果有一天我们突发了什么疾病，或者急需用钱，那时银行关门放假，ATM机取不了面额大的现钱，那么我们该怎么办？所以有一张特别的借记卡，来一次"雪中送炭"。

(2) 合理使用信用卡

信用卡在如今太普遍了，女人们吃饭，逛街，看电影，"唰"地一下，一切都搞定了，虽然使用信用卡消费很方便，但我们也还是要慎重使用信用卡。

信用卡是冲动消费的罪魁祸首，它会造成人们的无感觉消费，还记得江苏昆山市有一个女生，在某一年"双11"淘宝购物中，一下子购物了3万元的东西。

后来我们采访了这个"土豪"，她却差点声泪俱下。

因为买了这么多的东西，面临的问题就是如何去还贷！

于是周而复始，和之前阿萝犯了一样的错误。

因此抛掉手中的信用卡是克制冲动消费的一个很好的方法。

当然，如果你认为有必要，留一张在手里也可以，但平时少用它，尽量使用现金付账，这样你摸着自己的现金一张一张地流出去，你就会开始节制一点，毕竟钞票在自己手里越来越少的感觉，是一种特别沮丧的滋味，会让自己一下子没有购物的欲望的。

(3) 学会钱生钱

光会攒钱是不够的，光是扔掉信用卡也太表面，我们还要学会投资，要让钱生钱，因为生钱才是理财的重点。

生钱其实有很多种方式：定期存款、货币基金、国债、实物黄金、普通银行理财产品都是生钱的方式。

女人们可以根据自己的年龄、实际情况进行选择投资，比如：

22~26岁，让小白领摆脱月光族

22岁到26岁的半熟女人，刚踏入社会，刚开始工作，秉持"潇洒挣钱潇洒花"的生活理念。现在最早的一批"90"后已经出入社会了好几年，于是"月光族"也是油然而生，他们每月都要投入大量的工资去购买各种服装、化妆品扮靓自己，或者泡吧、旅游、SPA享受生活。

久而久之，每到年底都会发现，自己工作了一年，什么都没有。

还记得之前很火爆的温州"太太购房团"吗？如今她们转战大江南北，买房卖房，乐此不疲。虽然目前风光不再，但是房产仍是目前女性热衷的投资方式之一。现在在各地，也有一些收入不错的女白领，她们不张扬、不露富，悄悄行走在售楼处之间，买住宅、投店面、收租金，用自己的智慧，凭着一双慧眼，敏锐的嗅觉，以房养房，以店对店，不仅赚到了自己的"零花钱"，更为自己的未来存了一笔丰厚的"养老金"。

此外，若是结识到一些理财投资的同道中人，大家一起理财，一起交流经验，会让理财投资生活变得更加多彩了。

28~30岁，初为人母的那些投资

初为人母的女人们，生活的风花雪月刚刚退场，取而代之的是真正充斥着柴米油盐酱醋茶的平淡生活，这时候女人的投资更为稳健和成熟，多为子女日后的教育基金做准备。

女人们要清楚，我们在人生的不同阶段有不同的追求和需要，而这众多追求和需要不可能一下子全都实现。这就需要我们有一个统一的规划和部署，根据轻重缓急分时分段各个击破。

毫无疑问，理财就是这种规划和部署。

没钱的人更需要通过这一手段让自己的追求和需要变成现实。

35~45岁，后为子女，多些养老

年纪大了，子女也渐渐长大成人了，那么女人们就该为自己进行养老储备了。保险其实是人身安全的保障，买保险也是为了实现财务安全。

虽然现在有很多保险骗子在招摇过市，但我觉得买保障型的保险还就这个年龄来说正合适。比如人身意外险、住院保险和定期寿险等。

这样你在发生意外损失时，保险公司会为你提供补偿性的财务支持，否则开富豪店的你都赔不起手术费和住院费。

许多女人宁肯用网聊、SPA、发呆来消磨时光，也懒得去分析、去思考、去理财。"懒"似乎是大多数人的通病，它阻碍了我们的财富增值计划的实行。

所以，让我们大喊出来，让我们踏着疯狂的脚步，大声告诉世界，我不穷，我付得起水电煤，然后十几年后，我不穷，我买得起整座大楼……

这么反差的对比，让大家知道理财的重要性。

来吧！握住我的手，从今往后，我们一起理财，我们一起成为全新的自己。

图书在版编目(CIP)数据

分手吧，我会更爱我自己 / 眷尔主编.—北京：
中国华侨出版社，2015.9

ISBN 978-7-5113-5659-8

Ⅰ.①分… Ⅱ.①眷… Ⅲ.①情感–通俗读物
Ⅳ.①B842.6-49

中国版本图书馆 CIP 数据核字(2015)第221493号

分手吧，我会更爱我自己

主　　编 / 眷　尔
责任编辑 / 文　蕾
责任校对 / 孙　丽
经　　销 / 新华书店
开　　本 / 670 毫米×960 毫米　1/16　印张/16　字数/223 千字
印　　刷 / 北京建泰印刷有限公司
版　　次 / 2016 年 5 月第 1 版　2016 年 5 月第 1 次印刷
书　　号 / ISBN 978-7-5113-5659-8
定　　价 / 29.80 元

中国华侨出版社　北京市朝阳区静安里 26 号通成达大厦 3 层　邮编：100028
法律顾问：陈鹰律师事务所
编辑部：(010)64443056　64443979
发行部：(010)64443051　传真：(010)64439708
网址：www.oveaschin.com
E-mail：oveaschin@sina.com